W0089473

Maria-Theresa Schinnerl

Service Upgrade

Maria-Theresa Schinnerl

SERVICE UPGRADE

Wie Sie Ihre Kunden verstehen,
gewinnen und begeistern

GOLDEGG VERLAG

Bildrechte Autorenfoto: Marco Riebler
Bildrechte Umschlag: Alexandra Schepelmann/donaugrafik.at

Der Verlag und seine Autoren sind für Reaktionen, Hinweise oder Meinungen dankbar. Bitte wenden Sie sich diesbezüglich an verlag@goldegg-verlag.com.

Der Goldegg Verlag achtet bei seinen Büchern und Magazinen auf nachhaltiges Produzieren. Goldegg Bücher sind umweltfreundlich produziert und orientieren sich in Materialien, Herstellungsorten, Arbeitsbedingungen und Produktionsformen an den Bedürfnissen von Gesellschaft und Umwelt.

ISBN: 978-3-99060-192-1

© 2020 Goldegg Verlag GmbH
Friedrichstraße 191 • D-10117 Berlin
Telefon: +49 800 505 43 76-0

Goldegg Verlag GmbH, Österreich
Mommsengasse 4/2 • A-1040 Wien
Telefon: +43 1 505 43 76-0

E-Mail: office@goldegg-verlag.com
www.goldegg-verlag.com

Layout, Satz und Herstellung: Goldegg Verlag GmbH, Wien
Printed in the EU

Für Ronny & Sally
Ihr seid die wichtigsten Menschen in meinem Leben.
Ich liebe euch.

Editorische Bemerkung:
Aufgrund der leichteren Lesbarkeit wurde in diesem Buch auf geschlechtergerechtes Formulieren verzichtet. Soweit personenbezogene Bezeichnungen nur in männlicher Form angeführt sind, beziehen sie sich auf Männer und Frauen in gleicher Weise.

Inhaltsverzeichnis

7

8

Vorwort

Liebe Leserin, lieber Leser!

Wann hatten Sie als Kunde zuletzt ein echtes Wow-Erlebnis oder noch besser: Wann wurden Sie zuletzt positiv überrascht? Mit einer netten Geste, einer speziellen Art der Betreuung oder einer unerwarteten Zusatzleistung? Ich nenne dieses Mehr an Aufmerksamkeit, Kreativität und Gespür für Kundenbegegnungen ein *Upgrade*. Und genau von dieser Aufwertung und Verbesserung der Serviceleistungen handelt dieses Buch.

Seit Jahren arbeite ich als Expertin für Kunden-Service-Qualität mit kleinen und großen Unternehmen daran, ihre tägliche Performance zu verbessern. Dabei ist mir klar geworden, dass vielen Dienstleistern die Relevanz und Bedeutsamkeit von erstklassigem Service nicht bewusst ist. Vom Marketing bis zum Controlling arbeiten sämtliche Abteilungen unermüdlich daran, Umsätze zu steigern sowie Marken und Firmen gut zu positionieren. Was aber nützt die schönste Verpackung, die raffinierteste Strategie, wenn es nicht gelingt, unsere Kunden zu begeistern?

Produkte sind austauschbar, Qualität vergleichbar. Perfekter Service jedoch beschert intelligent agierenden Unternehmen Alleinstellungsmerkmale, die weder von der Konkurrenz kopiert noch von Robotern übernommen werden können. Es sind menschliche Fähigkeiten wie Kreativität und Empathie sowie emotionale Intelligenz, die uns als Dienstleister und Unternehmen einzigartig machen.

Laut einer Studie des Weltwirtschaftsforums haben sich die Top Ten der geforderten beruflichen Fähigkeiten enorm verändert. So kommt es neben dem Lösen von komplexen Problemen und kritischem Denken im Jahr 2020 laut der Studie auf Kreativität, emotionale Intelligenz und vor allem auch auf Serviceorientierung an.[1]

Wer Menschen für sich gewinnen will, muss mehr bie-

9

ten als Standardprogramme und vorgepredigte Service-Floskeln. Kunden möchten wahrgenommen, kompetent betreut und vor allem auf positive Art und Weise überrascht und beeindruckt werden. Jeder von uns möchte Service Upgrades erleben – und das nicht nur in der Touristik, sondern in jeder Branche.

Auch die aktuelle Studie des Internationalen Institutes für Markt- und Sozialanalysen (IMAS) zum Thema Kundenorientierung unterstreicht die Tatsache, dass Kunden unsere Performance vor allem an zwei Aspekten messen: der Orientierung an den Kundenwünschen und der Freundlichkeit der Mitarbeiter.[2] Im Zuge dieser repräsentativen Studie wurden mehr als 1.000 Österreicher ab 16 Jahren zum Thema Kundenorientierung befragt. Mit positiver Kundenorientierung verbindet ein Viertel der Bevölkerung das Eingehen eines Verkäufers oder Unternehmens auf die Bedürfnisse und Wünsche der Kunden. Danach folgt – von rund jedem Fünften genannt – der höfliche und freundliche Umgang der Mitarbeiter. Negative Erfahrungen verbinden die Befragten in erster Linie mit inkompetenten Mitarbeitern oder einer schlechten Betreuung. Das wiederum verdeutlicht, dass das Auftreten und die Einstellung eines jeden einzelnen Teammitglieds den positiven Unterschied ausmachen kann.

Jedes Unternehmen ist abhängig von den Leistungen, die unter anderem Mitarbeiter vollbringen, und davon, wie Kundenorientierung im Betrieb gelebt wird. Kunden vergleichen täglich und ziehen unweigerlich Konsequenzen aus ihren Erlebnissen. Hier gilt es als Dienstleister und Unternehmen anzusetzen und sich mit erstklassiger Service-Kompetenz und einzigartiger »Merk«-würdigkeit einen Wettbewerbsvorteil zu verschaffen.

Service Excellence bedingt das Bestreben, Kunden nicht nur zufriedenstellen, sondern begeistern zu wollen. Und genau dabei soll Sie mein Buch unterstützen. Ich möchte

10

Ihnen verdeutlichen, wie bereichernd und gewinnbringend ein Service Upgrade für Ihr Unternehmen sein kann. Vor allem aber möchte ich Ihnen einfache Tipps für die tägliche Umsetzung mitgeben. Mein Buch soll ein Wegbegleiter sein, eine Gebrauchsanleitung dafür, wie man Service lebt. Damit Ihr Kunde auf die Frage nach seinem letzten Wow-Erlebnis künftig auf Anhieb eine Antwort parat hat.

Herzlichst
Ihre *Maria-Theresa Schinnerl*

Service Excellence – die Extrameile führt ans Ziel

In der Service-Qualität sind es nie die großen
weltbewegenden Dinge, die es ausmachen.
Vielmehr sind es Kleinigkeiten, Nuancen und
Details, die den Unterschied machen!

Eine grantige Verkäuferin, ein langsamer, schlecht gelaunter Kellner, eine unqualifizierte Antwort auf eine berechtigte Frage – wir alle erleben als Kunden tagtäglich Situationen, auf die wir allemal verzichten könnten. Ebenso wie diese negativen Erfahrungen bleiben aber auch positive Geschehnisse im Gedächtnis – sogenannte Wow-Erlebnisse. Wenn man die Berührungspunkte – auch Touchpoints genannt – genauer unter die Lupe nimmt, an denen ein Kunde, ein Gast, ein Patient oder Klient (immerhin haben Kunden viele Namen) auf einen Dienstleister trifft, lässt sich schnell erkennen, welche Unternehmen und Mitarbeiter zur Crème de la Crème zählen und welche wohl eher in der Schublade »Das geht besser« landen.

Und genau hier sind wir angekommen bei der entscheidenden Performance, die jeder einzelne Mitarbeiter im Unternehmen vollbringen kann und sollte. Jeder Einzelne kann der Motor dafür sein, dass ein Kunde ausschließlich dieses spezielle Unternehmen wählt. Ein einziger Mitarbeiter kann aber ebenso dafür sorgen, dass der Kunde zukünftig keinen Schritt mehr in dieses Geschäft setzen wird.

Wir sind abhängig von den Leistungen, die Mitarbeiter tagtäglich vollbringen, und davon, wie Kundenorientierung im Betrieb gelebt wird. Bestimmt haben Sie diesen Moment schon selbst erlebt, wenn man in einem Laden binnen Sekunden erkennt, dass dieser Betrieb top geführt ist, und wenn man feststellt, dass man dort einer gewissen Kundenorientierung nachgeht. Um dieses Gefühl näher zu beschreiben, erinnere ich Sie an diesen glücklichen Seufzer, den wir von uns geben, wenn es uns einfach leichtfällt, unkompliziert einen Einkauf zu tätigen oder eine Dienstleistung in Anspruch zu nehmen. Dieses Gefühl zeigt eindeutig auf, dass man uns als Kunden versteht. Wenn bei Mitarbeitern offensichtlich die Einstellung zum Tun stimmt und der kleine, feine Unterschied in Sachen Dienstleistungsbewusstsein klar erkennbar ist. Gewissenhafte, serviceorientierte Mitarbeiter lesen uns die Wünsche von den Augen ab und kommunizieren mit uns auf Augenhöhe und auf positive Art und Weise. Aus Problemen werden Lösungen gemacht und unsere Anliegen werden ernst genommen. Wir alle wünschen uns doch mehr von diesen Erlebnissen – habe ich recht?

Genau aus diesem Grunde ist es mir wichtig, dass Mitarbeiter klar erkennen und vorgelebt bekommen, welch entscheidende Rolle sie im Unternehmen spielen – und dass jeder Einzelne weiß: Ich allein kann etwas bewirken, ich mache den Unterschied.

Szenario

Ich war mit meiner Freundin unterwegs in der Salzburger Altstadt und freute mich darauf, meinen Geburtstagsgutschein in einem beliebten Modeschmuckgeschäft einzulösen. Die Vorfreude schwang allerdings schnell in Ärger um, als wir Bekanntschaft mit der äußerst unfreundlichen Verkäuferin machten. Sie müssen wissen, meine Freundin erlaubte sich den fatalen Fehler, die hübschen Ohrringe, die auf der Innenseite der Auslage ausgestellt waren, anzufassen und in unsere Richtung zu drehen, um sich den Schmuck genauer anschauen zu können. »Haaaaaaaalt! Greifen Sie nichts aus der Auslage aaaaaaan!«, erklang es in einer furchterregenden Tonalität über unseren Kopf hinweg. Erschrocken faselten wir eine Entschuldigung und trauten uns in weiterer Folge nicht mehr, den Schmuckstücken zu nahe zu kommen. – An der Verkaufstheke suchte ich daher zügig das erstbeste Armband aus und zückte meinen Gutschein. »Da haben Sie noch ein restliches Guthaben drauf, das können Sie auch online einlösen«, informierte mich die Verkäuferin. »Gott sei Dank, dann muss ich nicht noch einmal in diesen Laden«, dachte ich mir, verabschiedete mich mit einem schwachen, enttäuschten Gruß und ließ die Tür von außen hinter

15

mir zufallen. Dass die Verkäuferin in meinen Erzählungen nicht gut davonkam, ist Ihnen sicherlich aufgefallen. Schlimmer ist allerdings, dass ich bis heute (das Ereignis liegt mittlerweile zwei Jahre zurück) keinen Fuß mehr in den Laden gesetzt habe. Ebenso wenig meine Freundinnen und Familie.

Kunden ziehen eben unweigerlich Konsequenzen. In den seltensten Fällen geht es dabei um die Produkte. Vielmehr haben negative Erfahrungen meist mit inkompetenten und unfreundlichen Mitarbeitern zu tun. Braucht es einen da zu wundern, wenn viele Kunden lieber online shoppen, um diese Berührungspunkte zu vermeiden? Zumal das Argument, Online-Shopping sei ein unpersönliches Einkaufserlebnis, in vielen Fällen nicht stimmt.

Neulich bestellte ich bei einem Onlinehändler ein Kleid und staunte nicht schlecht, als ich dieses in schicker Verpackung geliefert bekam. Nachdem ich das Kleid aus dem geschmackvollen, raschelnden Seidenpapier ausgepackt hatte, fand ich eine hübsche Karte, worauf zu lesen war: »Mit Liebe für Sie verpackt von Melanie.«

Das gab mir zu denken. Wann habe ich zuletzt so liebevolle Zeilen oder Ähnliches im stationären Handel gehört oder gelesen? Wann hatte ich zuletzt das Gefühl, als Kundin hofiert und anständig wahrgenommen zu werden?

Wir können die Digitalisierung nicht aufhalten – aber wir können zumindest verhindern, dass uns digitale Anbieter die Butter vom Brot nehmen.

Wir müssen dem Kunden einen Grund geben, wieder zu uns zu kommen!

Sie fragen sich, wie? Indem wir dem Kunden zeigen, dass persönliche Betreuung ein Mehrwert und keine lästige Pflicht ist. Der Schlüssel dazu liegt in einem ausgefeilten *Kundenservice.*

Neulich durfte ich mit Chris Boos, dem Pionier im Bereich der KI (Künstliche Intelligenz), ein Interview führen. Ich wollte von ihm wissen, wozu Künstliche Intelligenz seiner Meinung nach niemals in der Lage sein wird. Seine Antwort: Kreativität und Service wird uns KI niemals bieten können. Genau diese zwei Bereiche sind also die großen Stärken, die wir für uns nutzen können. Ganz egal in welcher Größenordnung sich das eigene Unternehmen oder die Abteilung befindet.

Eine aktuelle Studie, die sich mit digitalen Erlebnissen im Kundenbereich beschäftigt und für die Verbraucher und Führungskräfte in Dienstleistungsunternehmen befragt wurden, deckt auf, dass die Qualität der Kundenerfahrung von Kunden und Unternehmen ganz und gar unterschiedlich wahrgenommen wird. Die Studie zeigt, dass rund 75 Prozent der Organisationen glauben, kundenzentriert ausgerichtet zu sein. Allerdings stimmen dem nur 30 Prozent der Verbraucher zu. Hier erkennt man deutlich, dass die Selbsteinschätzung hinkt. Ein weiteres Resultat der Studie verdeutlicht, dass Konsumenten frustriert sind, wenn Unternehmen nicht auf Feedback eingehen oder ihre Treue belohnt wird. Etwa 80 Prozent der Kunden sind sogar bereit, für ein besseres Kundenerlebnis mehr Geld auszugeben.[3]

Münzt man diese Studie auf den analogen Bereich um, beispielsweise auf den stationären Handel, so glaube ich, sehen die Resultate ähnlich aus. Potenzial nach oben ist häufig erkennbar. Dass wir als Kunde bereit sind, für einen guten Service zu bezahlen, werden viele bestätigen.

Wir brauchen also nur den Fokus auf kreativen, menschlichen Service zu legen. Klingt einfach – ist es aber nicht. Wir selbst müssen mit gutem Beispiel vorangehen und unsere Mitarbeiter mitziehen. Und zwar mit der Überzeugung, dass dieses Segment eine absolute Zukunftschance sein kann.

Für mich ist *Service* das Marketing der Zukunft. Mit dem Unterschied, dass diese Form von Marketing von jeder einzelnen Person im Unternehmen mitgestaltet wird.

Kundenservice auf allen Kanälen

Analog und digital schließen sich nicht aus.
Wer in Service-Belangen die Nase vorn
haben möchte, verbindet beide Welten.

Damit wir Service-technisch in der Champions League, gerne auch Service-Excellence genannt, spielen können, ist es unumgänglich, Kommunikation und Service auf den unterschiedlichsten Kanälen zu bieten. Die Ansprüche der Kunden sind mit den digitalen Möglichkeiten gewachsen. Print-Kataloge, Online-Shops, Apps, bis hin zur Kommunikation über Social-Media-Kanäle werden genützt und in vielen Bereichen sogar vorausgesetzt. So werden beispielsweise Informationen und Antworten auf schnellstem Wege erwartet. Das Smartphone hat sich zum Multifunktionsgerät entwickelt. Ich selbst bezeichne mein Handy gerne als »laufendes und begleitendes Büro«. Von unterwegs aus können E-Mails beantwortet, Termine koordiniert und Reservierungen vorgenommen werden. Auch ich möchte all diese Service-Angebote in keinem Fall missen.

Dennoch stelle ich mir die Frage: Verläuft unsere Kommunikation nicht manchmal zu »digital«? War nicht doch der handgeschriebene Brief viel eleganter und schöner als die schnelle WhatsApp? Kann ein digitaler Geburtstagsgruß über Facetime oder Zoom-Call dem persönlichen Geburtstagsbesuch Paroli bieten? Oder fehlen uns vor lauter digitalen Möglichkeiten die Ruhephasen, in denen wir uns auf all die schönen, analogen Dinge konzentrieren können?

Szenario

Während einer meiner vielen Geschäftsreisen saß ich abends wieder einmal allein in einem Restaurant. Am Tisch neben mir saß eine illustre Runde junger Damen. Dort wurde geplappert, was das Zeug hält, und ganz viel gelacht. Während ich immer wieder zu meinem Smartphone griff, um E-Mails zu lesen und Dinge zu erledigen, lagen die Handys der Mädels gestapelt in der Mitte des Tisches. Immer wieder wanderte mein Blick zu dem Smartphone-Stapel. Vor allem, als eines

20

der Smartphones zu klingeln begann und dieses von den Mädels nicht beachtet wurde. Bevor ich nach dem Essen das Restaurant verließ, gab ich mir einen Ruck und fragte am Nachbartisch nach, was es denn mit dem Handy-Turm auf sich hätte. »Das machen wir immer, wenn wir zusammensitzen. Wir wollen uns unterhalten und nicht nebeneinandersitzen und aufs Handy glotzen. Wenn jemand zum Handy greift, darf er eine Runde ausgeben.« Ich war wirklich beeindruckt und dachte am Nachhauseweg über diese »Regel« nach. Wie oft greifen wir tatsächlich zum Handy, obwohl wir gerade mit unserer Familie oder mit Freunden am Tisch sitzen? Manchmal tut es sicher gut, sich selbst zur Ordnung zu rufen und mit gutem Beispiel voranzugehen.

Auch in unseren Arbeitsbereichen gilt es eine Balance zwischen der digitalen und analogen Welt zu finden. Die digitale Welt steht für Innovation und stellt uns vor die Aufgabe, immer »up to date« zu bleiben. Wir erhalten die Möglichkeit, Kunden über verschiedenste Kanäle zu erreichen. Wichtig ist allerdings, das Angebot auf unsere Kunden und vor allem auf deren Bedürfnisse anzupassen. Das heißt, wir müssen alles gut durchdenken und miteinbeziehen, welche digitalen Möglichkeiten meine Kunden wirklich nutzen. Idealerweise stellen wir jene Überlegungen entlang der »Customer Journey«, also der Kundenreise, an. In welchen Bereichen unserer Arbeit benötigt unser Kunde eventuell flankierende, digitale Lösungen und wo bevorzugt dieser analoge Kontakte und Angebote?

Szenario

Zusammen mit meiner Kollegin durfte ich im letzten Jahr einige Vorträge für einen Kunden der Pharmabranche abhalten. Damit wir im Rahmen dieser Vortragsreihe auch innovativ und am Puls der Zeit waren, entschieden wir uns für den Einsatz eines digitalen Tools. Dieses macht es möglich, während der Konferenz mittels Smartphone anonym oder namentlich Fragen zu stellen oder an Umfragen teilzunehmen. Im Vorfeld machte ich es mir zur Aufgabe, dieses Tool auch richtig zu bedienen. Die Website war großartig aufgebaut, interaktive Videos zeigten eindrucksvoll vor, wie die Bedienung läuft. Trotz der Möglichkeit eines Probelaufes, der noch völlig kostenfrei lief, taten sich Fragen auf. Bevor ich eine E-Mail verfasste, meldete sich ein Mitarbeiter per E-Mail, ob es denn zur Probeversion Fragen gebe, und wenn ich möchte, könnten wir gerne ein Telefonat vereinbaren, das ich gerne in Anspruch nahm. Über Video-Telefonie wurden somit auch noch die letzten Zweifel aus dem Weg geräumt und die Vollversion des Tools gebucht. Das war noch nicht alles, denn nach den ersten zwei Vortragstagen bekam ich einen Online-Mentor zugewiesen, der mich weiterhin unterstützen würde.

Ich selbst bin kein großer Freund von hochkomplizierten, digitalen Anwendungen. Wenn es mir aber einfach gemacht wird, die Dinge zu bedienen, wenn ich ein »menschliches Back-up« bekomme, dann setze ich gerne auf neue Wege. In meinen Augen geht es nicht darum, ein Entweder-oder anzudenken, es geht vielmehr darum, ein Sowohl-als-auch anzubieten. Kunden profitieren von digitalen Angeboten – ohne die persönliche Note und Kontakte wird man aber als Unternehmen nicht punkten können. Rundum-sorglos-Pakete machen jedem Kunden Spaß.

Viele Unternehmen haben diesbezüglich längst den Dreh raus. Ein großer Lebensmittelladen hat beispielsweise die ehemaligen »Informationen« in »Service-Points« umfunktioniert. Die neuen Anlaufstellen sind wie Rezeptionen in Hotels gestaltet und helfen den Kunden bei Anliegen aller Art – auch, wenn sie z.B. mit dem analogen Bestellangebot nicht zurechtkommen. Drehbare Screens bieten den Service-Mitarbeitern die Möglichkeit, mit Kunden gemeinsam digitale Wege zu bestreiten. So kann der Konfigurator für Vorbestellungen vor Ort bedient werden. Auf elegante Weise wird somit dem Kunden etwas beigebracht, was dieser in der Fortfolge dann eventuell selbst erledigt. Auch im Kassenbereich punkten Lebensmittelläden längst mit der Auswahl-Variante. So kann man in vielen Geschäften zwischen Self-Check-Out-Kassen und gewöhnlichen Kassen wählen. Der Kunde hat also die Wahl, ob er sich lieber mit dem Check-Out-Automaten virtuell unterhält oder ob er analog mit der Kassendame kommuniziert.

Die österreichischen Bundesbahnen gewähren längst den Ticketkauf auf digitalem Wege unkompliziert vom Rechner oder Smartphone aus. An den Bahnhöfen gibt es Ticketautomaten. Wenn ich aber Beratung oder Hilfe benötige, so peile ich eines der Service-Zentren an, wo mir Mitarbeiter von Mensch zu Mensch behilflich sind. Was hier durch die Auswahlvariante geboten wird, ist bei vielen anderen Leistungsträgern schlichtweg nicht oder leider nicht mehr vorhanden. Was aber, wenn ich Hilfe brauche? Wenn man selbst mit der Bestellung, Rücksendung oder Programmierung nicht zurechtkommt? Es ist notwendig, dass es Service-Mitarbeiter vor Ort gibt, die mit Rat und Tat zur Seite stehen und den Kunden auf Wunsch gerne unter die Arme greifen und gezielt auf aktuelle Fragen eine Antwort liefern können.

Im letzten Jahr habe ich einen Service genossen, den ich unheimlich sympathisch fand. Wieder einmal stand ich am Bahnhof, um eine meiner Geschäftsreisen anzutreten. Im Bereich der Anzeigentafeln und Ticketautomaten gesellte sich ein hilfsbereiter Service-Mitarbeiter zu mir, um nachzufragen, ob ich denn zurechtkäme. In diesem Fall war das ein pensionierter Herr, der für einige Stunden wöchentlich für die ÖBB tätig ist und Kunden als »Mr. Allwissend« in Bahnangelegenheiten unterstützt. Das nette Gespräch mit dem Herrn zauberte mir ein Lächeln ins Gesicht. Vor allem bestätigte es mich wieder in meiner Überzeugung, dass persönlicher Kundenservice durch nichts ersetzt werden kann.

Neben Bahnreisen gibt es viele weitere Lebensbereiche, in denen wir gefordert sind, bestmöglich zurechtzukommen.

Beispielsweise der Bankenbereich hat früh damit begonnen, die digitale Variante für seine Kunden zu gestalten. Was für viele von uns viel Positives mit sich bringt, da wir quasi 24/7 unsere Geldgeschäfte erledigen können, hat aber auch bei vielen – vor allem älteren – Menschen für Unmut gesorgt. Je digitaler die Ausrichtung, umso mehr sind kleine Oasen mit analogen Zugängen vonnöten.

Ähnlich ergeht es uns, wenn wir online Waren bestellen. Bequem und unkompliziert können wir mit ein paar Klicks von zu Hause aus einen Einkauf tätigen. Ob das allerdings mit einem Einkaufserlebnis gleichzusetzen ist, gilt es im positiven sowie im negativen Sinne zu hinterfragen. – Es sei denn, man versucht auch hier, die richtigen Akzente zu setzen.

Sehr gut kann ich mich noch daran erinnern, als vor vielen Jahren über den Handelsriesen Amazon getitelt wurde: Amazon ist am besten Wege, das kundenfreundlichste Unternehmen zu werden. Das kostete mich anfangs einen Lacher. Das ist doch gar nicht möglich, wenn man doch rein digital ausgerichtet ist und die Emotion auf der Strecke bleibt – dachte ich mir. Doch schon bald schloss Amazon die Lücke, oder moderner gesagt den Gap, den bis dahin viele Kunden vermissten. Eine Anlaufstelle bei Problemen, falschen Lieferungen, Dingen, die man am liebsten von Mensch zu Mensch klärt, wurde eingerichtet. Das war der Startschuss für den Rückrufservice, wo man als Kunde die

Qual der Wahl hat: Entweder möchte man sofort zurückgerufen werden, in den nächsten zehn Minuten oder nach Wunschtermin. Diesen Service musste ich selbstverständlich gleich testen und war mehr als begeistert, als tatsächlich der sofortige Rückruf und die Lösung für mein Kundenproblem herbeigeführt wurde. Ja, selbst ein Onlineanbieter setzt auf persönliche Lösungen.

Sofern wir die richtigen Touchpoints für unsere Kunden weise, durchsichtig und nachhaltig gestalten, sind wir am richtigen Weg. Eines dürfen wir alle nie vergessen: Die analogen Kunden-Berührungspunkte werden zwar durch digitale Prozesse immer weniger, dafür aber umso wichtiger.

Das Service-Mindset – die Einstellung macht den Unterschied

Es geht nicht darum, Menschen zufriedenzustellen.
Es geht darum, sie zu begeistern!

An der Front zu arbeiten, also dort, wo der Kunde seine Anliegen preisgibt, ist bei Gott nicht einfach. Mit der Vielzahl an Möglichkeiten haben sich die Ansprüche der Kunden gesteigert. Konsumenten sind fordernder, wissender und lassen sich nichts mehr gefallen – soll heißen, Fehler werden kaum akzeptiert. Kunden nehmen meist nur Kontakt auf, wenn es etwas zu kritisieren gibt. Ein Lob wird in den seltensten Fällen ausgesprochen – schließlich setzen wir als Konsumenten voraus, dass alles reibungslos und kundenorientiert abläuft, nicht wahr? Treten jedoch Komplikationen auf oder passieren Fehler, dann werden die Kundenstimmen dafür umso lauter.

Das erfordert aus Sicht des Dienstleisters ein starkes Rückgrat und ein dickes Fell. Die Arbeit in der Dienstleistungsbranche und allen anderen Bereichen, wo Service großgeschrieben wird, kann einen an die persönlichen Grenzen bringen. Umso entscheidender ist es, sich selbst und das Team gut auf Kurs zu halten.

Eine vorbildliche Servicekultur innerhalb des Betriebes zu leben, verlangt uns einiges ab. In erster Linie *Zeit*. Zeit, um uns vor allem mit der eigenen Haltung zum Thema Service auseinanderzusetzen. Was möchten wir unseren Kunden bieten? Was ist perfekter Service in unseren Augen und wie können wir das persönlich umsetzen? Im beruflichen Alltag fehlen uns oftmals die Kapazitäten, sich Gedanken über genau diese Punkte zu machen. Doch nur wer eine klare Strategie verfolgt, wird langfristig erfolgreich sein.

Der zweite wichtige Faktor ist das *Know-how*. Also die korrekte Vorgehensweise im direkten Kundenkontakt und eine souveräne Form der Kommunikation, die nahe an der Servicekultur angesiedelt ist. Eine gute Portion *Ideen* für Wow-Momente machen das Rad schon fast rund. Was nun noch fehlt, ist die *Überzeugung*. Was nützen einem Unternehmen Know-how, Ideen und konkrete Anweisungen in Sachen Kommunikation und Kundenkontakt, wenn die Mitarbeiter nicht dahinterstehen? Wie wichtig die persönliche Einstellung und Überzeugung ist, möchte ich Ihnen anhand einer Geschichte vor Augen führen.

Szenario

Nach einer langen Bahnfahrt kam ich in einem Vortragshotel in der Nähe von Frankfurt an und steuerte direkt die Rezeption an. Gerade als ich selbst zum Gruß ansetzen wollte, trällerte mir der junge Mann an der Rezeption ein »Schönen guten Abend, liebe Frau Schinnerl!« entgegen. Wow! Er wusste meinen Namen. Hatte er mich eventuell gegoogelt? In jedem Fall hinterließ er damit einen äußerst positiven Eindruck bei mir. – Und dieser sollte sich in den kommenden Tagen bestätigen. Wann immer ich etwas benötigte, wurde ich an der Rezeption mit Namen angesprochen und vorbildlichst behandelt. Überaus freundliche Antworten auf meine Fragen. Hilfsbereitschaft und Engagement dort, wo man sonst lange danach sucht. Kein Wunder also, dass ich die Frage, ob ich denn mit dem Service des Hauses zufrieden gewesen wäre, beim Check-out mit einem klaren Ja beantwortete. Mir war es ein persönliches Bedürfnis, vor allem die persönliche Anrede hervorzuheben, und so lobte ich den Mitarbeiter: »Ich möchte Ihnen ein Kompliment aussprechen! Es war einfach großartig für mich, dass Sie es geschafft haben, mich fast drei Tage lang mit meinem Namen anzusprechen. Das schätze ich sehr. Vielen Dank dafür!« Der Mitarbeiter verdrehte daraufhin die Augen und meinte: »Na ja, wissen Sie, das müssen wir neuerdings. Das ist eine Anordnung von oben!« Autsch! Das saß.

Zuhause angekommen, erzählte ich meinem Mann von dem Vorfall, der sogleich eine ähnliche Geschichte parat hatte:

Am Heimweg wollte er seine Bankauszüge in einer Filiale abholen und staunte nicht schlecht, als dort reges Treiben herrschte, obwohl es bereits 19:00 Uhr war. »Sagen Sie mal, haben Sie heute noch geöffnet? Wow, das ist aber ein toller Service«, sprach er eine Mitarbeiterin an. »Aus Kundensicht schon!«, fiel die Antwort deutlich weniger begeistert aus.

Guter Service geht anders, das wissen wir längst. Was in beiden Fallbeispielen fehlte, ist die überaus wichtige Einstellung zur Sache. Das perfekte *Service-Mindset*. Was nützt einem der perfekte Service, wenn den Mitarbeitern die richtige Einstellung dazu fehlt? Wie will man Kunden begeistern, wenn man es selbst nicht ist?

Jedem Unternehmer, jeder Führungskraft muss bewusst sein, dass im ersten Schritt die Motivation der Mitarbeiter der Schlüssel zum Erfolg ist. Wenn die Mitarbeiter nicht überzeugt von ihrer Aufgabe sind, dann können wir mit dem besten Produkt der Welt am Markt sein, es wird sich nie im Leben gut verkaufen.

Genau aus diesem Grund finde ich diejenigen Unternehmen grandios, die auf die Talente und Begabungen der einzelnen Mitarbeiter setzen. Jeder von uns hat spezielle Stärken, die es geschickt einzusetzen und zu bündeln gilt. Wenn Mitarbeiter sich neben den alltäglichen Aufgaben, die es nun mal zu erledigen gilt, auch entfalten können und für Aufgaben eingesetzt werden, die ihnen Freude bereiten, dann stimmt auch die Einstellung. Wenn man sich beispielsweise gerne um ältere Menschen kümmert, dann spürt das der Kunde.

Als Dienstleister braucht es eine große Portion Bewusstsein für unser Handeln. Und Handeln müssen wir immer im Sinne des Kunden. Der Job in Servicebereichen ist der wohl anspruchsvollste, den es gibt. Hier darf man nicht patzen. Hier heißt es abzuliefern, und zwar mit voller Aufmerksamkeit.

Jeder Einzelne, der sich für diesen Bereich berufen fühlt,

30

muss seinen wertvollen Beitrag leisten, unabhängig von der jeweiligen Tagesverfassung. – Diese ist nämlich für Kunden sekundär und tut nichts zur Sache.

Mit bestem Beispiel voran

Wir alle kennen den berühmt-berüchtigten Spruch: Der Fisch fängt am Kopf zu stinken an. Soll heißen: Führungskräfte gehen mit schlechtem statt mit gutem Beispiel voran. Wie oft erlebt man Führungskräfte oder sogar Eigentümer, die selbst den ganzen Tag jammern und eine negative Einstellung an den Tag legen? Da wird über zu viel Arbeit geklagt, über nervige Kunden und fehlende Freizeit. Doch wie um alles in der Welt sollen bei dieser Vorbildwirkung denn Mitarbeiter oder Team-Mitglieder brillieren?

Oftmals fehlt den Mitarbeitern die klare Richtung, das Commitment und die Verbundenheit zum Betrieb, zum Produkt oder zur Dienstleistung. Ein Kunde spürt sofort, ob der Dienstleister weiß, wovon er spricht. Meiner Meinung nach sollten beispielsweise Rezeptionisten einmal selbst in einem Zimmer des Hotels übernachtet haben und zu verkaufende Produkte von Verkäufern selbst ausprobiert und für gut befunden werden. Dienstleistungen, die ich anbiete, muss ich als Anbieter selbst im Detail kennen. Andernfalls fehlt mir die Überzeugung.

Was bestimmt für viele eine nötige Grundvoraussetzung ist, ist schlichtweg in anderen Unternehmungen nicht vorhanden. Das ist eine Erfahrung, die ich in all meinen Seminaren gemacht habe. Warum das so ist, ist schnell beantwortet: Wenn ein Unternehmen neu eröffnet, wird alles darangesetzt, dass alle Mitarbeiter an einem Strang ziehen. Ein gemeinsames Leitbild wird erarbeitet, in Schulungen wird gelehrt, wie und warum man in dieser Art und Weise auf den

31

Kunden zugeht, und somit weiß jeder im Team, was zu tun ist. Wenn aber die Jahre ins Land ziehen, neue Mitarbeiter hinzukommen, dann geraten die Vorsätze, die man anfangs hatte, schon mal ins Wanken. Kurze Einarbeitungszeiten, fehlende, nachhaltige Schulungen finden oft gar nicht mehr statt und plötzlich wird einfach so dahingearbeitet. Fehler schleichen sich ein, und die Performance lässt zu wünschen übrig. Genau hier setze ich dann an und versuche längst Vergessenes nach- bzw. aufzuholen.

Ich stelle in meinen Seminaren somit die simplen W-Fragen.

- Was machen wir?
- Wie machen wir das?
- Warum machen wir das?
- Wozu machen wir das?

Was wir machen und *wie* wir Dinge umsetzen, ist meist klar. Die Hintergründe und somit die Verbundenheit zum Produkt wurde eventuell zu wenig hinterfragt. Das heißt konkret, das *Warum* und das *Wozu* bleiben auf der Strecke!

Mit Erschrecken stelle ich im Gespräch mit Mitarbeitern oft fest, dass es in Unternehmen oft monatelang keine Mitarbeitermeetings, etwa einen »Jour fixe« oder eine regelmäßige Besprechung, gibt. Keine Updates fürs Team, keine Möglichkeit, Fragen zu stellen. Und vor allem: keine Chance, das Team mitgestalten zu lassen. So braucht es nicht zu wundern, dass oftmals von Mitarbeiterseite die Bereitschaft und Motivation, sich für den Kunden aufzuopfern, fehlt.

Umso mehr schätze ich Unternehmen, die das Miteinander forcieren. Gott sei Dank gibt es viele Firmen, die die eigenen Mitarbeiter mitgestalten lassen. So werden beispielsweise das Leitbild und die betriebsinternen Regeln gemeinsam er- oder überarbeitet. Jeder darf und kann sich mit seinen Wünschen und Anregungen einbringen. Erfolge werden gemeinsam gefeiert, weil jeder dazu beigetragen hat. Die

Entscheidung, was wie umgesetzt werden soll, wird im Team besprochen. Und so erhält das Wort »Team« eine weitaus wichtigere Bedeutung und könnte beispielsweise wie folgt »aufgedröselt« werden:

T = Toleranter Umgang in jeglicher Hinsicht
E = Ehrlichkeit in jeder Beziehung
A = Arbeiten, gemeinsam und füreinander
M = Miteinander und nicht einzeln

In solch einem Team stimmt das Mindset. Die Vorzeichen stehen auf Miteinander und jeder ist sich bewusst, einen wichtigen Beitrag im gesamten Unternehmen zu leisten. Solche Teams strahlen eine ganz besondere Kraft aus.

Wahre Teamstärke zeichnet sich durch folgende Parameter aus:

- Offenheit gegenüber Kunden, Führungskräften und Kollegen
- Zuhörer sein und Einfühlungsvermögen zeigen
- Verlässlich und hilfsbereit sein
- Einen angenehmen Umgangston an den Tag legen
- Vertrauen erhalten und Vertrauen schenken
- Lösungsorientierte Zusammenarbeit fördern
- Ideen aufgreifen, ansprechen und gemeinsam umsetzen
- Erfolge werden gemeinsam gefeiert

Das eigene Service-Mindset kreieren und mit Wertschätzung glänzen

Mir ist bewusst, dass ich als Einzelkämpferin in jedem Seminar und bei jedem Vortrag die Stimmung meiner Zuhörer mitbeeinflussen kann. Und zwar in jede Richtung. Lächeln ist ebenso ansteckend wie Gähnen. Es liegt also an uns, die richtige Einstellung an den Tag zu legen. Ich versu-

33

che daher ständig, an meiner eigenen Grundmotivation, an meinem Mindset zu arbeiten. Ich gehe mit Freude ans Werk, auch wenn die Tage vielleicht einmal nicht so rosig sind. Mit kleinen Ankern, die ich mir setze, gelingt es mir wunderbar, mich auch an anstrengenden Tagen immer wieder neu zu motivieren und zu begeistern. Mal gönne ich mir abends eine Laufrunde in der Natur, mal ein Gläschen Wein oder ein nettes Telefonat mit einer Freundin.

Wer wertschätzend mit sich selbst umgeht, kann das auch anderen gegenüber sein. Von einer lieben Kollegin habe ich gelernt, was es heißt, »Gedankenhygiene« zu betreiben und sich gezielt zu überlegen: »Was denke ich über Kunden / Unternehmen / Kollegen / Partner etc.?«

Es erklärt sich von selbst, dass ich im persönlichen Kontakt nicht viel Positives ausstrahlen kann, wenn ich negativ über mein Gegenüber denke. Heißt im Klartext: Meine Einstellung und somit mein Mindset müssen positiv sein, um Erfolg zu haben.

Dies gelingt in erster Linie dann, wenn ich die Wertschätzung gegenüber Menschen und Dingen in meinen Alltag mitnehme. Ich oute mich hiermit als begeisterte »Schenkerin«. Jeder, der mich kennt, weiß, dass ich mir mit Begeisterung für Freunde und Kunden kleine Besonderheiten einfallen lasse. Es bereitet mir eine große Freude, anderen Menschen, dazu zählen natürlich auch meine Kunden, mit netten Aufmerksamkeiten ein Lächeln ins Gesicht zu zaubern. Ebenso wichtig ist es, sich selbst Wertschätzung entgegenzubringen und sich zwischendurch zu belohnen. Wenn das Mindset stimmig ist, dann steht einer Topleistung nichts mehr im Wege. Und das ist immerhin die Grundvoraussetzung, um in *Service*-Belangen die Bereitschaft für eine *Extrameile* aufzubringen.

34

IV

In den Schuhen des Kunden – ein Perspektivenwechsel

Die Welt wäre in Service-Dingen viel schöner, wenn wir uns darauf besinnen würden, dass Kunden ein ehrliches und für sich wichtiges Anliegen haben!

Wann immer ich über Service und dessen Bedeutsamkeit für Unternehmen und Betriebe spreche, kommt unweigerlich die Frage nach der Messbarkeit auf. »Gibt es eine Kennzahl, die beweist, dass das Setzen von Service-Bausteinen eine lohnende Sache ist?« Ich gebe zu, einfach ist es tatsächlich nicht, die positive Wirkung von Service anhand von Statistiken und Grafiken darzustellen.

Der Wirtschaftsstratege und Gründer des internationalen Beratungsunternehmens »Bain & Company« Fred Reicheld hat sich mit dieser Problematik intensiv auseinandergesetzt und den »Net Promoter Score« (kurz NPS) entwickelt. Die weit verbreitete Messgröße, um die Kundenloyalität zu berechnen, stützt sich auf eine entscheidende Frage: Würden Sie unser Unternehmen oder unser Produkt Ihren Freunden, Bekannten oder Verwandten weiterempfehlen?

Als Antwortmöglichkeit stehen den Befragten Werte auf einer Zahlenskala von 0 bis 10 zur Verfügung. Je höher der Wert, desto größer ist die Wahrscheinlichkeit, dass sie das Unternehmen weiterempfehlen würden. Nachdem der Befragte das Unternehmen anhand der Skala bewertet hat, kann er zusätzliches Feedback abgeben. Hierzu steht ihm ein offenes Textfeld zur Verfügung, in das er schriftlich eingeben kann, was ihm besonders gut oder besonders schlecht am befragenden Unternehmen gefällt.

Anhand der Werte und Antworten kristallisieren sich drei Gruppen heraus: die sogenannten »Promotoren«, also jene Kunden, die eine Empfehlung aussprechen. Menschen, die kein richtungsweisendes Feedback abgeben, genannt »Indifferente«, und jene Personen, die das Unternehmen oder Produkt eher nicht oder keinesfalls weiterempfehlen würden und somit als »Detraktoren« in der Statistik geführt werden.

Der NPS-Wert kann ganz einfach mit folgender Formel gemessen werden: NPS minus Promotoren (in % aller Befragten) minus Detraktoren (in % aller Befragten).

Durch das Eruieren des NPS können also Unternehmen

36

einen Hinweis auf die Kundentreue und deren Zufriedenheit erhalten.

Viele namhafte, internationale Unternehmen arbeiten mit dieser Methode. Der Vorteil des NPS liegt in seiner Einfachheit. Mit der Erhebung dieser Kennzahl erhält man eine Benchmark für das eigene Unternehmen und kann wertvolle Rückschlüsse ziehen, wie man die Kundenloyalität langfristig verbessern kann.

Eine weitere Möglichkeit, die Kundenzufriedenheit abzufragen, stellen direkte Befragungen dar. Hierfür gibt es verschiedene Varianten. So kann man beispielsweise Fragebögen verteilen und die Ergebnisse auswerten lassen. Es gilt jedoch zu bedenken, dass man nur mit einer repräsentativen Anzahl an beantworteten Befragungsbögen, welche zur Größe des Unternehmens passen sollte, aussagekräftige Rückschlüsse auf den Status quo ziehen kann. Die Erfahrung zeigt, dass die Befragungen meist nicht detailliert auf Service-Belange abzielen und somit für diesen Bereich oft wenig Aussagekraft haben.

Selbstverständlich können auch Online-Befragungen durchgeführt werden. Mittlerweile gibt es viele Dienstleister, die sich auf den »Befragungsservice« spezialisiert haben und diesen für Unternehmen abwickeln. Kleine Anreize in Form eines Gewinnspieles oder eines kleinen Dankeschöns können helfen, eine höhere Rücklaufquote zu erreichen. Wichtig ist vor allem darauf zu achten, einen Querschnitt der Zielgruppe zu erreichen. Und hier wiederum liegt der Hase im Pfeffer, denn Kunden, die nicht technikaffin sind, werden sich davor scheuen, online einen Fragebogen auszufüllen. Umgekehrt ist es ähnlich.

Es stellt sich also die Frage, wie man es für alle Zielgruppen schafft, eine Möglichkeit zu entwickeln, aussagekräftige Meinungen einzuholen, um ein repräsentatives Ergebnis zu erzielen. Inspiriert von der Einfachheit des NPS und der herkömmlichen Befragungsmethode, habe ich mich über viele Jahre damit beschäftigt, ein Werkzeug zu entwickeln, das vor allem kleine und mittlere Unternehmen dabei unterstützt, ein Bewusstsein für die wichtigsten Faktoren der Servicequalität zu schaffen. Ein System, das die wesentlichen Punkte plakativ aufzeigt.

Da die Perspektive des Kunden immer schwer greifbar ist, habe ich mich vor allem darauf konzentriert, eventuelle Schwachstellen der eigenen Performance zu erkennen, um diese in weiterer Folge ausmerzen zu können.

Ähnlich wie beim NPS wollte ich das System möglichst einfach halten. Dem »Performance-Check« liegt also ein simpler Gedanke zugrunde: *Was erwartet der Kunde?*

Im Grunde sollte das jeder von uns beantworten können. Immerhin sind wir doch selbst tagtäglich als Kunden unterwegs und wissen ganz genau, was uns Freude bereitet und welche Art von Beratungen oder Einkäufen einem negativ in Erinnerung geblieben sind.

Wenn man herausfinden möchte, was Kunden von uns erwarten, hilft es, in die Schuhe des Kunden zu schlüpfen. Bei meinen Vorträgen nehme ich gerne unterschiedlichste Schuhmodelle als Anschauungsmaterial mit. Wie tickt der Kunde mit Herrengröße 44? Oder das Kind, das in Größe 33 steckt? Die Anforderungen sind ebenso unterschiedlich und vielfältig wie auch unsere Kunden.

Ähnlicher Methoden wie die der »Schuhmethode« bedienen sich viele Unternehmen. So kann ich Ihnen von einer Vorgehensweise berichten, die ein uns bekannter Versandriese bereits vor Jahren verwendet hat. Um die Perspektive des Kunden in den Fokus zu stellen, wird am Meeting-Tisch ein einzelner Stuhl frei gelassen. Dieser symbolisiert den »Stuhl des Kunden«, dem auf diesem Wege quasi ein Mitspracherecht eingeräumt wird. Bevor also eine Entscheidung getroffen wird, überlegt man diverse Neuerungen, Entscheidungen oder Prozesse noch aus der Kundenperspektive. Erst wenn das Vorhaben also auch für den

Kunden ein stimmiges ist, wird die Entscheidung finalisiert. Die Ansätze dieser Methoden sind vielfältig, denn ein weiteres, mir bekanntes Unternehmen, welches sich auf das Bauen von Massivhäusern spezialisiert hat, setzt sich an den Besprechungstisch ein Schaufenster-Mannequin namens »Uschi«, um der Kundenperspektive vor Entscheidungen eine Stimme zu geben. Der Kreativität sind also – wie Sie sehen – keine Grenzen gesetzt.

Da ich Ihnen nun bewusst gemacht habe, wie wichtig es ist, die Dinge auch von der Kundenseite zu betrachten, legen wir los mit meiner persönlichen Methode. Bevor ich mit Ihnen gemeinsam in den Performance-Check eintauche, möchte ich eine Überlegung vorausschicken. Lassen Sie bitte vergangene Kundenerlebnisse und Erfahrungen Revue passieren und erinnern Sie sich ganz bewusst an eine Begegnung, bei der Sie ein Mitarbeiter oder ein Unternehmen nicht nur zufriedengestellt, sondern regelrecht begeistert hat. Ein Erlebnis, das einen bleibenden Eindruck hinterlassen hat und an das Sie immer wieder gerne zurückdenken. Haben Sie Ihr persönliches Kundenhighlight gefunden? Dann notieren Sie sich dieses stichwortartig.

Nun durchsuchen Sie Ihre Erinnerungen nach einem Negativbeispiel. Ein Kundenerlebnis, bei dem man von einem Mitarbeiter oder Unternehmen so fürchterlich beraten, betreut oder bedient wurde, dass man noch heute die Hände über dem Kopf zusammenschlägt, wenn man daran denkt. Eine Situation, in der man beim Verlassen des Ladens, beim Auflegen des Hörers oder beim Beantworten einer E-Mail bereits wusste, dass es in Zukunft keine Kundenbeziehung mehr geben wird.

Vielleicht hatten Sie das negative Beispiel noch vor dem positiven vor Ihrem inneren Auge. Das braucht uns nicht zu verwundern, schließlich ist es völlig logisch, dass uns schlechte Erlebnisse viel eher in Erinnerung bleiben als diejenigen, in denen wir so richtig begeistert wurden. Das sollte uns übrigens vor allem aus Sicht des Dienstleisters immer bewusst sein!

Nun gut, die Aufwärmrunde hält also zwei Beispiele parat.

Widmen wir uns nun noch einmal den essenziellen Fragen rund um die Kundenerwartung: Was erwartet der Kunde? Worauf kommt es an? Was erwarten wir selbst als Kunden?

Wenn Sie mich fragen, kommt es vor allem auf vier entscheidende Faktoren an: Wenn ich als Kunde unterwegs bin, dann möchte ich *freundlich* bedient und betreut werden, die nötige *Fachkompetenz* sollte vorhanden sein, die *Schnelligkeit* spielt eine große Rolle und last but not least darf eine gehörige Portion *Individualität* als Synonym für Gespür und Empathie nicht fehlen, um Kundenerlebnisse zu etwas Besonderem zu machen. Teilen Sie diese individuelle Erwartungshaltung? Dann lassen Sie mich diese vier Faktoren etwas ausführlicher behandeln.

Freundlichkeit lohnt sich

Mein Leitspruch lautet: »Wer freundlich durchs Leben geht, hat's definitiv leichter!« Freundlichkeit ist das Maß aller Dinge. Denken wir nur an die Macht des ersten Eindrucks. Wie schnell ist dieser doch vorbei und das Resümee ist gezogen. Diese erste Begegnung ist unsere Visitenkarte. Ob wir dabei gut oder schlecht abschneiden, beurteilt immer unser Gegenüber bzw. der Kunde. Aber auch der letzte Eindruck ist entscheidend – immerhin ist es der, der in Erinnerung bleibt.

Bleibt die Frage: Wodurch drückt sich Freundlichkeit aus? Ganz klar! Lächeln, lächeln und nochmals lächeln – wenn möglich, ehrlich gemeint und wertschätzend. Lächeln ist die kürzeste Verbindung zwischen Menschen. Bringt viel und kostet nichts. Und damit meine ich nicht das Senden von Smileys und Emoticons, sondern ein im besten Falle ehrliches, von Herzen kommendes Lächeln im persönlichen Kundenkontakt.

Wenn ich meine Seminarteilnehmer frage, worauf es im Kundenservice ankommt, lässt das Schlagwort Freundlichkeit nie lange auf sich warten. In der Praxis ist davon aber oft nur wenig zu sehen. Häufig mache ich mir vor einer Beratung persönlich ein Bild von Unternehmen, denen ich im Anschluss unterstützend unter die Arme greifen darf. Glauben Sie mir, dabei stellt es mir manchmal die Nackenhaare auf. Auch wenn uns allen im Grunde bewusst ist, dass Freundlichkeit im Kundenkontakt ausschlaggebend ist – die Realität sieht häufig anders aus. Im Gegenteil: Mir scheint, als hätte die Freundlichkeit ein echtes Image-Problem. Woran liegt das? Fehlt es an Motivation oder an der richtigen Haltung?

Szenario

Gerne erinnere ich mich an eine USA-Reise vor etwa zehn Jahren. Mein Mann und ich gönnten uns ein schönes Abendessen in einem typischen Steak-Restaurant. Diejenigen, die schon des Öfteren die USA bereist haben, kennen die Abläufe in den dortigen Restaurants vielleicht: Man wird an der Bar platziert und anschließend zum Tisch geleitet. Dort angekommen, dauert es nicht lange, bis der zugeteilte Kellner oder die Kellnerin ums Eck biegt – meist mit einem großen Krug Eiswasser in den Händen und einem freundlichen Lächeln im Gesicht. Die Begrüßung wird regelrecht zelebriert. An unserem Abend wurden wir von »Shaunie« bedient, die sich mit den Worten »I'm gonna make you a wonderful night this evening« bei uns vorstellte. Es folgten die Empfehlungen des Abends – selbstverständ-

41

lich noch immer mit einem Lächeln im Gesicht. Aufgesetzt? Ja, definitiv. Aber ist das etwas Negatives? Mein Mann und ich haben an diesem Abend genau darüber geplaudert. Ist ein ehrliches Lächeln nicht weitaus wertvoller? Ohne Frage. Ein ehrliches Lächeln sollte als Dienstleister immer unser Bestreben sein. Aber: Es ist doch allemal besser, man wird freundlich, wenn auch aufgesetzt, bedient, als dass mir als Kunde ein furchtbarer »Grantscherben«, wie wir in Österreich griesgrämige Personen zu nennen pflegen, begegnet.

Viele kritisieren die Oberflächlichkeit der Amerikaner. Und sie haben ein Stück weit sicher recht. Aber in Bereichen, wo Servicequalität zum Tagesgeschäft gehört, ist manchmal auch eine »gespielte« Freundlichkeit völlig in Ordnung. Man kann eben nicht durchgehend ehrlich freundlich sein. Vor allem an Tagen, an denen man sich – vielleicht aus persönlichen Gründen – eine Art Schutzmantel überziehen muss, um vorm Kunden zu brillieren, empfiehlt es sich, in die »Rolle« des Dienstleisters zu schlüpfen. Wer Freundlichkeit ausstrahlt, erhält diese auch von Kundenseite retour.

Was können wir noch tun, um Freundlichkeit auszustrahlen? Komplimente verteilen beispielsweise. Auf einem Spiegel las ich unlängst den Spruch: »Heute sehen Sie besonders toll aus!«

Aufmerksames Zuhören lässt Kundenherzen ebenso höherschlagen, weil wir ihnen dann das Gefühl geben, sie und ihre Anliegen ernst zu nehmen.

Eine Vielzahl an Möglichkeiten könnte ich an dieser Stelle noch hinzufügen. Sie werden im Laufe des Buches noch oft an diese wertvolle Säule von mir erinnert werden und ich verspreche Ihnen, dazu auch noch einige Tipps parat zu halten, die eine konkrete Umsetzung gewährleisten.

42

Mit Fachkompetenz punkten

Fragt ein Kunde den Verkäufer in der Bäckerei: »Haben Sie auch Roggenbrot?« »Das weiß ich nicht so genau!«, antwortet dieser.

Nicht ganz die Antwort, die man als Kunde erwartet, wenn man sich fachgerechte Beratung wünscht, nicht wahr? Fach- und Beratungskompetenz ist ein elementarer Bestandteil der Kunden-Begegnung. In vielen Fällen werden die Mitarbeiter im Vorfeld über Produkte und Serviceleistungen informiert und geschult. Das Erlangen der nötigen Fachkompetenz liegt aber auch in der Eigenverantwortung jedes einzelnen Mitarbeiters. Somit sprechen wir auch von einer gewissen »Hol-Schuld«.

Kompetenz ist die Mischung aus Wissen und Können. Gott sei Dank ist uns mittlerweile klar, dass Lernen kein Jugendprojekt mehr ist, sondern dass wir, egal in welchem Bereich wir arbeiten, ständig dazulernen und uns weiterbilden müssen. Ob das persönlicher Natur oder eben fachlich ist. Die Werkzeuge waren noch nie so einfach zugänglich wie heutzutage. Unglaublich viel Wissen kann ich mir kostenfrei über das Internet besorgen. Das Besuchen von Schulungen, Seminaren und Workshops ist auch eine großartige Möglichkeit, um wieder up to date zu sein, und meist ist das Gespräch mit Kollegen, die sich auf Augenhöhe austauschen, ein toller und wertvoller Nebeneffekt.

Wir leben im Zeitalter der Innovation. An allen Ecken und Enden eröffnen sich neue Möglichkeiten. Digitale und analoge. Für uns als Dienstleister heißt das: Ohren und Augen auf! Wir müssen informiert sein, was sich tut, und dürfen nicht starr an alten Systemen festhalten. Unser Mitbewerber tritt mit Sicherheit nicht auf der Stelle und so gilt es auszuloten, welchen Trend ich selbst in meinem Unternehmen mitmachen sollte, und welche Neuerungen eine Bereicherung sein können. Was vielleicht auf den ersten Blick nach viel Arbeit klingt, kann durchaus Spaß machen. Innovation bietet uns unglaublich viele Möglichkeiten für neue Produkte, neue Service-Leistungen und Dienstleistungen. Innovation macht schlau!

In der Kundenbetreuung und Beratung dürfen wir nicht in die Falle tappen, dass der Kunde besser über Abläufe und Produkte Bescheid weiß als der Verkäufer oder Berater. Das ist nicht nur peinlich, sondern auch inkompetent. Ich handhabe solche Fälle immer wie folgt: Wenn man mir eine Frage stellt, die ich partout nicht beantworten kann, dann gebe ich dies offen zu und kündige an, mich gerne um die Sache zu kümmern und das fachlich korrekt nachzulesen, zu recherchieren oder beim Experten zu erfragen. Ich habe es selbst oft erlebt und bin mir sicher, dass auch Sie solche Fälle kennen, wo unqualifizierte, unwahre und schlechte Antworten platziert werden. Frei nach dem Motto: Hauptsache, ich habe eine Antwort parat. Wir brechen uns keinen Zacken aus der Krone, wenn wir uns um eine korrekte Antwort im Nachgang bemühen.

Hierbei ist auch Ehrlichkeit ein wichtiges Thema. Wir alle sind Menschen und keine Maschinen. Wo Menschen am Werk sind, da können auch Fehler passieren. Wenn wir aber die menschliche Seite aufzeigen, dann bringt uns das Respekt ein. So geschehen bei einem meiner Auftraggeber: Ein Kunde hatte sich ganz fürchterlich echauffiert, weil ein Angebotsprodukt nicht mehr im Regal lag. Der Marktleiter nahm daraufhin das Gespräch auf: »Leider habe ICH von dem Produkt zu wenig bestellt! Es tut mir wirklich leid!« Die Kundenantwort kam prompt: »Na ja, das kann ja mal passieren!« Ich bin mir absolut sicher, dass die alternative Antwort: »Die Zentrale hat uns zu wenig geliefert«, nicht dieselbe positive Kundenreaktion hervorgerufen hätte.

Passend zu dem Thema habe ich vor Kurzem eine spannende Podcast-Folge gehört.[4] Es ging um das amerikanische Sprichwort »It's better to be nice than to be right!«,

44

was so viel heißt wie: »Es ist besser, freundlich zu sein, als recht zu haben.« Haben Sie schon einmal erlebt, dass ein Mitarbeiter akribisch daran gearbeitet hat, ein alternatives Produkt in den Vordergrund zu stellen und zu bewerben, obwohl der Kunde nur noch eine Bestätigung für sein Wunschprodukt wollte? Dieses Verhalten hat schon so manchen Kunden, ohne zu kaufen, zur Flucht bewogen. Wenn man allerdings als Berater oder Verkäufer driftige Argumente vorweisen kann, dann ist selbstverständlich eine Anregung angebracht – wohlgemerkt empfehlend und nicht »aufschwatzend«!

(Reaktions-)Schnelligkeit in hektischen Zeiten

Ganz ehrlich: Warten Sie gerne? An der Kasse? Am Telefon? Im Stau? Vermutlich nicht. Die Wartezeit zählt zu den meistgenannten Faktoren, wenn es um die Frage nach Unzufriedenheit in Kundenbegegnungen geht. Wo immer es uns gelingt, Wartezeiten sinnvoll zu gestalten oder diese sogar zu vermeiden, wird es uns der Kunde danken.

Das Rennen um eine schnelle Reaktion ist also eröffnet. Und hier anzudocken, ist unglaublich schwer. Ein Blick auf die Statistik zeigt, wie entscheidend der Faktor Zeit ist. Begnügte der Mensch sich früher mit einer achtwöchigen Lieferzeit, wird heute der Kauf bei einer derartig langen Wartezeit anderswo getätigt. Nämlich dort, wo prompt geliefert werden kann. Sich dem Thema anzunehmen, lohnt sich auf alle Fälle!

Vor Kurzem habe ich von einem Fall gehört, der diese These nochmals unterstreicht. Ein jahrelanger Kunde eines Reifenunternehmens hatte unmittelbar in der Nähe der besagten Firma einen Reifenplatzer und hoffte dadurch auf rasche Hilfe. Falsch gedacht. Man hatte zu viele Termine in der Agenda und so durfte der Kunde »gütigerweise« am Gelände des Unternehmens selbst Hand anlegen.

Uns allen ist klar, dass solche »Notfälle« nicht alltäglich sind. Hier für den Kunden so schnell wie möglich in die Bresche zu springen, bindet den Kunden bestimmt auf ewige Zeiten ans Unternehmen. Bei oben genanntem Beispiel war die jahrelang aufgebaute Geschäftsbeziehung abrupt mit viel negativer Mundpropaganda zu Ende.

Ich möchte Ihnen gern noch von einem weiteren Beispiel berichten. Gerade im Bereich des Handwerks passiert es ständig, dass Fristen nicht eingehalten oder für den Kunden auf unangenehme Art und Weise verschoben werden. Wäre es nicht besser, Kunden offen zu kommunizieren, dass man keine Kapazitäten frei hat, anstatt diese ständig zu vertrösten und womöglich zu verärgern? Mit der Empfehlung eines Kollegen aus der Branche, der Vakanzen hat, ist dem Kunden mehr gedient. Mit großer Wahrscheinlichkeit wandert auch ein nächster Auftrag vom Kollegen wieder retour. Eine Hand wäscht bekanntlich die andere.

Wie Sie vermutlich schon bemerkt haben, Schnelligkeit hat nicht nur damit zu tun, Dinge rasch zu erledigen. Es geht auch darum, schnell zu reagieren und den Kunden eine Lösung in Aussicht zu stellen.

Ich selbst bediene mich hierbei einer einfachen Methode: die »Unterschreitung der Wartezeit«. Vor vielen Jahren habe ich mich jeweils bemüht, nach einem Kundengespräch ein nachfolgendes Angebot noch am selben Tag zu verfassen, auch wenn dafür eine Nachtschicht nötig war. Fest im Glauben, dass die Schnelligkeit das ist, was zählt. Doch falsch gedacht. Einer der ganz großen Vorbilder, das weltweit bekannte Unternehmen Amazon, hat mich etwas anderes gelehrt. Immer wenn ich dort ein paar Fachbücher, die ich im Fachhandel nicht fand, bestellt habe, bekam ich eine Bestellbestätigung mit dem Vermerk: Sie erhalten Ihre Ware in zwei bis sechs Tagen. Solange durfte ich mich also gedulden. Meist

46

aber hielt ich das Päckchen bereits am zweiten oder dritten Tag in Händen. Früher als gedacht! Das macht Kunden glücklich. Ich lernte also von diesem Beispiel und informiere seither meine Kunden stets, dass ich das Angebot gerne bis zum Ende der kommenden Woche schicken werde. Meine selbstauferlegte Deadline ist jedoch die Wochenmitte – also eine vorzeitige Lieferung. So schlägt man zwei Fliegen mit einer Klappe: Man gewinnt Zeit und der Kunde freut sich im besten Falle über die vorzeitige Lieferung des Vereinbarten. Die Schnelligkeit kann uns auch noch in anderen Bereichen äußerst hilfreich sein, wie Sie noch sehen werden.

Bevor ich nun zum vierten Faktor des Performance-Checks komme, möchte ich noch eine Sache loswerden. Wenn man Menschen aufmerksam zuhört, wie Termine gestaltet werden, so hört man ständig unkonkrete Angaben wie »gleich«, »dann«, »asap« (steht für »as soon as possible«), »nachher«. Nur was bedeutet das konkret? Wie viel Zeit darf verstreichen? Wenn wir beispielsweise einen Rückruf bis 17:00 Uhr zusagen, hilft das unserem Gegenüber bei der Planung. Die Angabe von greifbaren Terminen oder Zeitfenstern hilft uns, den Punkt Schnelligkeit positiv abzuhandeln, vorausgesetzt es klappt dann auch wirklich. Und ganz nebenbei sammeln wir noch wertvolle Punkte beim Kunden, wenn wir sogar ein bisschen schneller als vorhergesagt reagieren. Womit wir auch schon beim vierten und letzten Punkt des »Performance-Checks« angelangt sind.

Individualität liefert Maßanfertigung

Auch wenn uns mittlerweile viele praktische Dinge von der Stange den Alltag erleichtern: Am Schönsten ist es für uns Menschen, wenn wir individuell und maßgeschneidert behandelt werden.

47

Immerhin gibt es so viele verschiedene Kundenschichten. Hinzu kommt, dass die Tagesverfassung der (Stamm-) Kunden oft recht unterschiedlich sein kann. Heute hat der Kunde Zeit für eine ausführliche Beratung, morgen muss es schnell gehen. Es geht darum, genau diese Punkte zu berücksichtigen. Wenn es um Individualität geht, ist Fingerspitzengefühl als höchste Kunst des Dienstleisters gefragt.

Womit wir aber im Service von Mensch zu Mensch punkten können, ist, wenn wir maßschneidern, wenn wir dort Akzente setzen, wo der Kunde sie grade am meisten zu schätzen weiß.

Szenario

Mein Bekannter Martin hatte unlängst ein Meeting in einem Hotel in München. Am Weg dorthin kündigte sich eine böse Erkältung an. Da er relativ knapp vor seinem Termin im Hotel ankam, bat er den Concierge, er möge ihm doch bitte ein Nasenspray aus der Apotheke besorgen. Man half dort sehr gerne und bot an, die Besorgung aufs Zimmer zu bringen, sodass in der Mittagspause das Spray parat läge. In der Pause fand Martin dort allerdings nicht nur das Nasenspray – sondern zusätzlich ein Päckchen Taschentücher und eine Visitenkarte des Concierges, auf der die netten Worte »Gute Besserung!« zu lesen waren. Eine kleine Geste mit großer Wirkung!

So eine Geste fällt in die Kategorie »Extrameile«. Extrameilen machen die Dinge besonders. Das Personalisieren von Dingen zählt hier genauso dazu wie das Erspüren von Befindlichkeiten. Die Aufopferung für Kunden und die Hilfsbereitschaft, die in Kundenbegegnungen mitschwingt.

Extrameilen brauchen selbstredend etwas mehr Zeit

und manchmal bedarf es im wahrsten Sinne einen langen Weg, den man dafür zurücklegen muss.

Hören Sie den Kunden aufmerksam zu und nutzen Sie die Informationen für sich. Der Kunde erzählt, dass es kommende Woche in den Urlaub geht? Dann wünschen Sie ihm doch beispielsweise am Ende der Beratung oder des Gesprächs erholsame Tage. Durch das Sammeln von Kundeninformationen haben wir immer ein Ass im Ärmel, um Kunden nicht nur zu betreuen, sondern zu verwöhnen. Manchmal können wir aber auch einfache Fragen stellen, um zu Informationen zu kommen, die uns beim nächsten Kontakt einen Vorteil bringen. Sofern wir die Chancen wahrnehmen, die uns geboten werden, können wir jederzeit Fingerspitzengefühl beweisen. – Und genau das brauchen wir.

Der Performance-Check

In diesem Kapitel möchte ich das System der vier Faktoren auf den Punkt bringen. Wir können jederzeit die eigene, aber auch die Performance des Unternehmens testen, indem wir überprüfen, ob auf alle vier Faktoren (Freundlichkeit, Fachkompetenz, Schnelligkeit und Individualität) Wert gelegt wird. Sofern diese nicht in gleichen Teilen für den Kunden »kredenzt« werden, wird dieser definitiv kein glücklicher sein und die Erwartungshaltung wird nicht erfüllt.

Was bringt es beispielsweise, wenn ein Mitarbeiter zwar schnell und kompetent ist, eventuell sogar noch erkennt, was genau der Kunde will – und dennoch ist er alles andere als freundlich? Dann sprechen wir hier von einer klassischen *Autsch*-Situation! Der Eindruck bleibt ein negativer und der Kunde tätigt seine Einkäufe lieber woanders.

Das System können Sie drehen und wenden, wie Sie

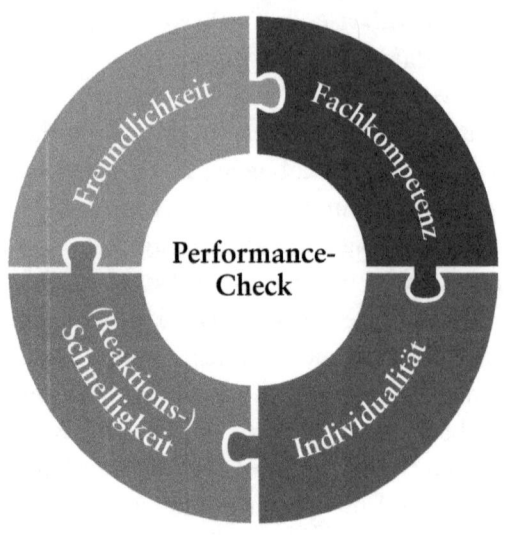

Der Performance-Check zeigt, dass es die vier genannten Faktoren in gleichen Teilen braucht, um die Kundenerwartung zu erfüllen.

wollen. Es braucht alle vier Faktoren gleichermaßen, um eine Top-Performance abzuliefern.

Erinnern Sie sich an die positive und negative Kundenbegegnung, um die ich Sie zu Beginn dieses Kapitels gebeten habe? Ich habe Sie aufgefordert, an ein überaus positives Erlebnis sowie an ein unglaublich schlechtes Beispiel, welches Sie als Kunde erlebt haben, zu denken. Wenn Sie mitgemacht haben, dann haben Sie sich dazu Notizen gemacht, um genau jetzt den Performance-Check einer Prüfung zu unterziehen. Gehen Sie nun diese Momente noch einmal durch und fragen Sie sich selbst: War das freundlich, fachkompetent, schnell und vor allem individuell? Ich bin mir sicher, Sie machen folgende Feststellung: Beim negativen Beispiel hat es an einem oder sogar an mehreren Faktoren gefehlt. Beim positiven waren sicherlich alle vier Faktoren spür- und erkennbar.

Nun geht es an unsere eigene Performance sowie an die Team-Performance. Sind Sie freundlich, kompetent, schnell und individuell? Nur so haben Sie die Chance, die Erwartungen der Kunden zu erfüllen – und vielleicht sogar mit einer Extrameile zu übertreffen. Immerhin sind es meist die Kleinigkeiten, die Nuancen und die Details, auf die es ankommt. Im eigenen Machen und Tun, aber auch im Wettbewerb zu anderen Anbietern.

V

Was guten Kundenservice ausmacht – eine Gebrauchsanleitung

Service ist keine Eintagsfliege.
Service ist harte Arbeit!

Waren Sie schon einmal bei einem Vortrag, der Sie so richtig inspiriert hat, Dinge in die Tat umzusetzen? Der Redner hat die Ansätze in humorvolle Stories gepackt und mit Content strukturiert dargestellt, auf Mängel hingewiesen und Sie davon überzeugt, dass diverse innerbetriebliche Dinge verändert werden müssen? Wertvolle Inhalte, die schnell ins Unternehmen integriert werden können, befinden sich im Kongress-Gepäck und zurück im Job ist man erst noch höchstmotiviert, dann fehlt die Zeit, vielleicht fehlt eine passende Geschichte, um den Kollegen treffend davon zu berichten, brisante Dinge stehen auf der Agenda, die den Vorzug erhalten und dann ... ist die Ausbeute leider doch nicht so groß wie erwartet. Zwar setzt man sogar einiges davon um, aber viele der geplanten Dinge landen auf der Warteliste. Leider.

Ein lieber Freund gehört als Unternehmer eines mittelständischen Unternehmens genau zu diesen Menschen, die davon ein Lied singen könnten. Zurück von einer Weiterbildung, nach dem Lesen einer spannenden Lektüre und genau, wie eben beschrieben, nach dem Besuch eines Vortrages sind die Pläne noch groß. Die Notizen geben allerdings nicht ganz das her, was es braucht, um es den Mitarbeitern in der Klarheit zu verklickern, wie man es selbst vernommen hat. Zumindest ist das die Schwachstelle, die viele von uns kennen.

Was hier meist fehlt, ist ein System. Ein System, das Sie tagtäglich an Ihr Vorhaben erinnert. Vielleicht sogar so lange, bis es zur Gewohnheit wird. Es braucht Regelmäßigkeit und Struktur. Sie haben es bestimmt schon erraten, das ist die Sache mit der Nachhaltigkeit und mit dem Dranbleiben.

Ich habe ein solches System für Sie. Es ist auch ganz einfach. Auf den folgenden Seiten erhalten Sie von mir 31 leicht lesbare Tipps, die einfach in der Umsetzung sind. Die Idee dahinter ist, dass einige Monate im Jahr bekanntlich 31 Tage haben. In manchen Monaten erhalten Sie sogar

54

Bonus-Tipps. Entscheiden Sie selbst und basteln Sie Ihr ganz eigenes System draus. Im Grunde können Sie sich jeden Tag einen Tipp vornehmen. Sie können auch einen Tipp in der Woche in Angriff nehmen, ganz wie es Ihnen beliebt.

Das Schöne daran ist, dass Sie nach der erfolgreichen Umsetzung aller Tipps mit dem Controlling beginnen können. Das heißt, Sie werfen einen Blick ins Buch und starten wieder von vorn. Vielleicht ist das genau das System, das Ihnen bislang gefehlt hat? Sehen Sie also die folgenden Tipps als eine Art Reisebegleiter quer durch den Monat, quer durchs Jahr. Ich bin mir absolut sicher, dass Sie so für Ihr ganz persönliches *Service Upgrade* sorgen.

Falls Sie sich bei einem oder mehreren Tipps ertappen, dass Sie das schon genau so machen – freuen Sie sich darüber! Und erfreuen Sie sich bitte auch an der tollen Performance, die Sie tagtäglich Ihren Kunden bieten. Nehmen Sie Ihre Mitarbeiter gezielt wahr und sprechen Sie Lob und Anerkennung aus bzw. loben Sie sich auch mal selbst. Ich bin mir sicher, so bleiben Sie am Ball, machen Ihre Kunden glücklich und stärken so deren Bindung zu Ihrem Unternehmen.

Und nun wünsche ich Ihnen viel Spaß bei der Umsetzung!

Service-Tipp 1: Wie Sie mit einem Lächeln Menschen gewinnen

Eine alte chinesische Weisheit besagt: Wer nicht lächeln kann, der sollte kein Geschäft eröffnen! Wie richtig dieser Spruch doch ist!

Ich könnte ein Lied davon singen, wie häufig ich selbst mit Verkäufern, Beratern, kurz gesagt Ansprechpartnern konfrontiert bin, denen offensichtlich das Lachen vergangen ist. In so einem Fall ist – je nach Notwendigkeit – der Kauf schnell getätigt und ein nochmaliger Besuch meinerseits wird möglichst vermieden. Schließlich gibt es unter den Konkurrenten garantiert auch Anbieter, deren freundliche Mitarbeiter sich über meinen Besuch freuen.

Klar, ständig zu lächeln ist keine einfache Disziplin. Dennoch handelt es sich dabei um das wichtigste Instrument der Dienstleistungsbranche.

Szenario

Vor einigen Monaten hielt ich am Weg von Wien nach Salzburg an einer Tankstelle. Nach einem langen Seminartag war mir offen gesagt nicht mehr nach Reden zumute. Ich schlenderte also in Richtung Kasse und – Schande über mich – vergaß zu grüßen. Die Dame an der Kasse riss mich mit lauter Stimme, einem breiten Grinsen und einem freundlichen »Grüß Gooooooott!« aus meinen Gedanken. Ich erschrak fürchterlich und musste einfach mitlachen. Sofort habe ich mich für meinen fehlenden Gruß entschuldigt. Die schlagfertige Dame meinte nur: »Ach, machen Sie sich nix draus. Ich weiß doch, wie das ist, wenn man lange allein im Auto sitzt. Da kann man schon mal das Grüßen vergessen. Ich halte es auf meine Art und Weise. Stellen Sie sich vor, ich würde mich an der Laune meiner Kunden stoßen. Da würde man ja glauben, ich wäre eine grantige Person!«

Ich fand die Dame großartig. Und ihr Verhalten gab mir zu denken. Wieder einmal war der Beweis geliefert, dass Lachen einfach ansteckt. Hier möchte ich gerne auf die bekannten »Spiegelneuronen« verweisen. Das sind spezielle Nervenzellen im Gehirn, die uns Menschen zu mitfühlenden Wesen machen. Wenn man zum Beispiel beobachtet, dass sich jemand beim Gemüse schnipseln in den Finger schneidet, erlebt man selbst ein Unbehagen und kann nachempfinden, wie sich der Schmerz anfühlt. Ebenso, wenn man einen traurigen Film sieht und dabei einfach hemmungslos mitheulen muss. Dasselbe gilt natürlich auch für positive Erlebnisse und Stimmungen. Denken Sie doch beispielsweise an Ihr persönliches Gefühl, wenn jemand über einen beruflichen Erfolg oder sportlichen Sieg jubelt und sich von Herzen darüber freut. Da zieht es die eigenen Mundwinkel doch automatisch nach oben!

Haben Sie sich schon einmal Gedanken darüber gemacht, wie oft Kinder im Vergleich zu Erwachsenen lachen? Ein Baby beginnt zu lächeln oder herzhaft zu lachen, noch bevor es sprechen kann. Es ist wissenschaftlich erwiesen, dass Kinder durchschnittlich täglich 400-mal lachen. Zum Vergleich: Erwachsene kommen täglich auf 20-mal, was einer Zeitspanne von etwa sechs Minuten entspricht. Vor 40 Jahren noch haben Erwachsene etwa doppelt so viel gelacht wie heute. Sollte uns das nicht zu denken geben?

Wie wichtig Humor im täglichen Arbeits- und Privatleben ist, zeigt mein Mentor und Humor-Experte Dr. Roman Szeliga in seinen großartigen Vorträgen. Er sagt, Lachen kann alles: anstecken, aufrühren, ablenken. Man lacht an, aus und übereinander und man lacht sich kaputt. Lachen kann helfen und heilen. Lachen tröstet und Lachen triumphiert – auch in den schwersten Stunden des Lebens. Und Lachen ist das Gegengift zum Ernst des Lebens. Dr. Roman Szeliga ist unter anderem Mitbegründer der CliniClowns. Diese grandiose Institution schafft es, Humor als therapeutisches Tool in die Behandlung von schwerkranken Menschen aller Altersstufen und verschiedenster Krankheitsbilder zu etablieren. Seit der Gründung im Jahre 2011 haben die Clowns vielen Patienten ein Lachen geschenkt und damit einen großen Applaus verdient.[5]

Lachen will also gelernt sein. Für all jene, die das Lachen über die Jahre verlernt haben, habe ich eine gute Nachricht: Lachen und Humor sind erlern- und trainierbar. So werden beispielsweise vermehrt Lach- und Humorseminare angeboten.

Wie steht es um Ihren Humor? Im Betrieb, in der Abteilung oder bei Ihnen persönlich?

Kontrollfragen
- Wie oft wird gelacht?
- Bekommt Humor den Stellenwert eingeräumt, der wichtig ist?
- Was braucht es, um mehr lachen zu können?

Zusammen mit meinem Impulsgeber-Geschäftspartner verfolge ich in unseren Seminaren ein wichtiges Credo: *helping people to shine.* Selbstverständlich versuchen wir, dieses Motto selbst zu verkörpern. Oftmals liegt es an uns, unsere teilweise zwangsverpflichteten Teilnehmer mit unseren Impulsen zum Strahlen zu bringen. Und glauben Sie mir, das ist nicht immer einfach!

Es gibt allerdings eine Übung, die ich im Seminar gerne mit meinen Teilnehmern mache und die ich Ihnen natürlich nicht vorenthalten möchte. Die Rede ist von der guten alten Kugelschreiber-Übung.

Zücken Sie Ihren Kugelschreiber oder ein vorhandenes Schreibgerät. Nun halten Sie den Kugelschreiber horizontal und klemmen ihn zwischen die Zähne, ohne die Lippen abzulegen, sodass Sie die Mundwinkel nach hinten ziehen müssen. Halten Sie diese Position 60 Sekunden, keine Sekunde kürzer. Sie können im Übrigen während der Durchführung versuchen, böse zu gucken – es wird Ihnen vermutlich nicht gelingen. Probieren Sie es gleich aus! Bestimmt werden Sie nach der Übung wie ein Honigkuchenpferd grinsen!

58

Was passiert nun in dieser Minute? Sie nützen im Grunde das Prinzip des »Bodyfeedbacks«. Die Emotionsforschung hat gezeigt, dass nicht nur Gefühle unsere Mimik verändern, sondern auch unsere Mimik einen Einfluss auf unsere Gefühle hat. Wer also die Stirn grantig in Falten legt, hat automatisch schlechtere Laune. Und das Kugelschreiber-Lächeln hebt andersherum Ihr Gemüt.

Übrigens funktioniert die Methode des Bodyfeedbacks dann am besten, wenn es Ihnen gelingt, einen Gesichtsausdruck anzunehmen, den Sie auch sonst annehmen, wenn Sie fröhlich sind. So macht auch ein ehrliches Lächeln fröhlicher als ein angestrengtes Grinsen. Überlegen Sie kurz: Wie lächeln Sie, wenn Sie sich wohlfühlen?

In der Disziplin des Lächelns ist oft weniger mehr. Wenn Sie die Mundwinkel nur ein klein wenig nach oben ziehen, kann das durchaus schon genügen, denn das wirkt oft viel natürlicher. Nicht nur unsere Mundwinkel verraten nach dem Bodyfeedback unsere gute Laune, sondern auch, wenn die Augen mitlachen. Bei einem ehrlichen Lächeln dürfen auch gerne unsere Lachfältchen um die Augen sichtbar werden.

Im Seminarraum macht die Kugelschreiber-Übung jedes Mal aufs Neue Spaß und man ringt damit sogar grantigen Zeitgenossen ein Lächeln ab. Immerhin brauchen wir doch alle ein Mittel, um unser Lächeln wiederzufinden, wenn wir gerade verärgert wurden oder uns einfach nicht zum Lachen zumute ist.

Führen Sie die Übung z.B. im Kollegenkreis oder mit Ihren Mitarbeitern durch. Wenn nämlich alle Kollegen diese Übung kennen, braucht es nur noch eine kurze Aufforderung wie etwa: »Susi, denk doch einfach an den Kugelschreiber!«, und schwupps – schon wandern die Mundwinkel wieder nach oben. Außerdem ist es ein tolles Synonym vor Kunden oder Gesprächspartnern, wenn man den Kollegen darauf hinweisen möchte, dass er in Sachen Freundlichkeit eine Schippe drauflegen könnte.

Dass natürlich auch so mancher Kunde einen derartigen Kugelschreiber nötig hätte, ist eine andere Geschichte.

Vor vielen Jahren wurde ich auf die folgende Geschichte aufmerksam, die wohl für all jene Menschen steht, die tagtäglich durch ein Lächeln für tolle Momente sorgen.

In dieser Geschichte, die Hannelore Meuleners veröffentlichte, heißt es, dass ein Lächeln für immer bleiben kann. Man kann nie so reich sein, dass man kein Lächeln mehr benötigt. Auch andersrum funktioniert es nicht. Niemand ist so arm, dass ein Lächeln nicht aufbauend sein könnte.

Ein Lächeln kann man nicht ausleihen, man kann es nicht stehlen und auch nicht kaufen oder erzwingen. Fakt ist, dass es einen enormen Wert hat, wenn es gegeben wird.

Für uns soll das heißen, dass wir immer aufgefordert sind, zurückzulächeln, wenn uns jemand anlächelt, und dass es an uns liegt, Situationen mit unserem eigenen Lächeln zu verändern.

Es bereichert all die Menschen, welche ein Lächeln bekommen, ohne denjenigen zu schaden, die es geben.

Ein Lächeln kostet nichts, erzeugt aber so viel Gutes!

Kompaktwissen
Lächeln öffnet Türen.
Wer nicht lächeln kann, sollte kein Geschäft eröffnen.
Schaffen Sie Raum für eine gute Portion Humor im Tagesablauf.
Wenden Sie den Kugelschreiber-Trick an.

Service-Tipp 2: Kleine Geste, große Wirkung

In unserer schnelllebigen Zeit ist es alles andere als selbstverständlich, wenn Kunden einem Unternehmen über längere Zeit die Treue halten. Loyalität und Vertrauen sind etwas Großartiges, das in meinen Augen absolute Wertschätzung verdient. Immer häufiger stelle ich fest, dass ausgerechnet den Stammkunden vielerorts wenig(er) Aufmerksamkeit geschenkt wird. Unternehmen reißen sich regelrecht ein Bein aus, um neue Abnehmer und Klienten zu gewinnen. Spektakuläre Aktionen werden geplant, um die Gunst des Neukunden zu gewinnen, und so mancher Kunde wird zu Beginn der Geschäftsbeziehung sogar mit einem Bonus beschenkt.

Wie sieht es aber mit jenen Kunden aus, die seit Jahren auf unsere Dienste setzen? Hätten nicht gerade diese Menschen das eine oder andere »Zuckerl« verdient? Wissen unsere treuen Konsumenten überhaupt, dass wir froh und stolz sind, sie wertvolle Stammkunden nennen zu dürfen? Oder wie sieht es mit zukünftigen Kunden aus, die wir gewinnen und länger an unser Unternehmen binden möchten?

Kunden zu beschenken ist eine Möglichkeit. Doch Geschenke kosten Geld und erzeugen meist nicht die gewünschte Wirkung. Was daran liegt, dass sie meist nicht besonders originell sind. Ich persönlich rate von 08/15-Geschenken tunlichst ab, da dabei die persönliche Note fehlt.

Es braucht in meinen Augen auch keine ausgeklügelten Strategien oder Marketingmaßnahmen, um einen Mehrwert für Kunden zu schaffen. Ein von Herzen kommendes »Danke« reicht im ersten Schritt, um – wie das Wort schon sagt – Dankbarkeit auszudrücken. Ich nehme mir beispielsweise am Ende eines Gespräches, einer Beratung oder eines Kaufabschlusses gerne die Zeit, um meine Kunden mit ehrlich gemeinten Worten wissen zu lassen, dass ich ihr Vertrauen und die gute Zusammenarbeit zu schätzen weiß.

Szenario

Neulich durfte ich die Mitarbeiter eines Schuhgeschäftes schulen, welches nach einer Generationsübernahme und aufwendigen Umbaumaßnahmen in neuem Glanze erstrahlte. Es ging darum, Ansätze zu finden, die ohnedies gute Performance in den Kundenberührungspunkten zu verfeinern. Passend zum Slogan »go happy« beinhaltet das neue Logo des Schuhhauses einen Smiley. Ein Markenzeichen mit Wiedererkennungswert, mit dem man perfekt spielen kann.

All jene, die schon einmal in den USA waren, wissen vielleicht, dass die Amerikaner sehr viel Wert auf Service-Kultur legen und beispielsweise oftmals ein »thank you« auf dem Kassenbon notieren, bevor dieser dem Kunden übergeben wird. Eine Geste, die dem Unternehmen keinen Cent kostet und dennoch seine Wirkung nicht verfehlt. Was das mit dem Schuhgeschäft zu tun hat? Dieses Beispiel lieferte uns die Idee, fortan einen *Smiley* auf den Kassenbon zu zeichnen und diesen dem Käufer mit den Worten »So, nun passt's – immerhin sollten Sie viel Freude an den neuen Schuhen haben« zu übergeben. Es braucht nicht immer große Geschenke, um zu beeindrucken. Es sind die kleinen Gesten, die in Erinnerung bleiben.

Ich liebe es einfach, wenn man mir als Kunde das Gefühl vermittelt, Freude an meiner Betreuung zu haben. Dazu zählt beispielsweise ein Spritzer Parfüm auf dem Seidenpapier, der zeigt, dass mein Einkauf etwas Besonderes ist. Ich mag es, wenn man mir die Tüte nicht über den Tresen reicht, sondern um den Tresen herumgeht und mir bei dieser Gelegenheit zur tollen Wahl gratuliert. Es fühlt sich einfach gut an, wenn man nach einem gemeinsamen Termin vom Gesprächspartner noch bis zur Ausgangstür oder zum Lift im jeweiligen Stockwerk begleitet wird oder man nach einem Termin noch einen netten Zweizeiler erhält und dabei feststellt, dass man sich besondere Mühe gibt. Genau dann bin ich gerne Kunde.

Kontrollfragen
- Wo setzen Sie Akzente, die vom Kunden überaus geschätzt werden?
- Wie viel Liebe zum Detail wird von Ihnen und Ihren Mitarbeitern gezeigt?
- Hat ein wertschätzendes »Danke« Platz in Ihren Arbeitsabläufen?

Selbstverständlich könnte ich Ihnen noch unzählige Beispiele liefern, um aufzuzeigen, was möglich ist. Die Gesten sollten allerdings gut überlegt, mit Herzlichkeit und vor allem in einer sinnvollen Art und Weise von Ihnen und Ihren Mitarbeitern kreiert werden. Denn nur so können die Dinge gerne und kundenorientiert präsentiert werden – und das ist das Wichtigste.

Es braucht keine Lkw-Ladung voll Fachwissen, um Service Excellence bieten zu können. Vielmehr geht es hier um Nuancen und Details, um die Kleinigkeiten, die den Unterschied machen.

Kompaktwissen

Setzen Sie auf ein ehrlich gemeintes »Danke«.

Kleinigkeiten, Nuancen und Details machen den Unterschied.

Seien Sie kreativ und kreieren Sie gemeinsam mit Ihren Mitarbeitern Ideen.

Überlegen Sie sich Ihre »Zuckerl«.

Service-Tipp 3: Der gute Ton am Telefon

Stellen Sie sich vor, Ihre Telefonleitung wäre besetzt, sobald der Nachbar telefoniert. Ja, genau so war das früher. Noch in den 1970er-Jahren mussten sich viele Haushalte und kleine Firmen ihren Telefonanschluss teilen, Viertel- und Halbanschlüsse waren die Regel. Vor allem abends »glühten« die Leitungen im wahrsten Sinne des Wortes. Immerhin war Telefonieren nach 18:00 Uhr viel günstiger. Tagsüber mussten die Unternehmen für das Werkzeug »Telefonie« ein nettes Sümmchen parat haben und die Mitarbeiter mussten sich dementsprechend kurzhalten.

Heutzutage herrschen im Vergleich dazu paradiesische Zustände. Der Button »Telefon« ist nur noch einer von vielen, das Smartphone ein Multifunktionsgerät zur Bewältigung des Alltags. Ein Festnetzapparat ist in kleineren Unternehmen meist gar nicht mehr aufzufinden. Doch ist mit der Selbstverständlichkeit des Telefonierens wirklich alles besser geworden?

Selbst in Zeiten der vielen digitalen Möglichkeiten ist das Telefon eines der wichtigsten Kommunikationsmittel. Vor allem aber ist das Telefon die Visitenkarte nach außen. Schließlich greifen viele Kunden nach wie vor gerne zum Telefon, um eine Auskunft einzuholen, ein Angebot anzufragen oder sich einen ersten Eindruck zu verschaffen. Viele scheinen vergessen zu haben, wie entscheidend dieser Kundenberührungspunkt ist. Für mich ist die Art und Weise des Meldens definitiv ein Gütesiegel des jeweiligen Unternehmens. Ich achte penibel darauf, wie man ein Gespräch entgegennimmt. Aus eigener Erfahrung kann ich bestätigen, dass von etwa zehn Telefonaten zwei Drittel sich schlichtweg im Melde-Ton vergreifen. Meist wird der simple Nachname wie z.B. »Schinnerl« kredenzt und ein andermal wird in forscher Sprache ein eher freundschaftliches »Hallo« gewählt. Wenn wir uns einmal überlegen, wie wir uns bei einem Treffen freundlich, ja sogar herzlich grüßen oder wie wir beginnen, einen Brief oder eine E-Mail zu verfassen, so stellen wir schnell fest, dass wir hier gelernt haben, einen ordentlichen Umgangston zu pflegen. Warum also fällt es vielen so schwer, dies auch bei Telefonaten zu beherzigen?

Szenario

»Apotheke XY, halloooooo?«, ertönte es am anderen Ende der Leitung. Ich musste also erst einmal erfragen, mit WEM ich denn das Vergnügen habe. Nachdem ich der Mitarbeiterin erklärt hatte, dass ich gerne mit dem Chef oder der Chefin sprechen würde, vernahm ich ein: »Moment, da muss ich nachfragen …« Daraufhin wurde – zu meinem Leidwesen gut hörbar – die Muschel zugehalten und intern gefragt »Chef, bist du heute offiziell da und zu sprechen?« An dieser Stelle hätte ich gerne laut in den Hörer gerufen: »Hallo?! Ich kann Sie hören!« Vor allem aber hätte ich besagter Apotheke am liebsten ein Telefon-Seminar empfohlen. Dasselbe gilt für jene junge Frau, die mich vor Kurzem am Telefon mit den Worten »Ach, Moment, da tu ich Sie mal schnell ‚aufs Schnurli'« überraschte. Es war das Schnurlos-Telefon gemeint – vor meinem inneren Auge sehe ich aber bis heute eine Katze durch die Apotheke tanzen.

Ich möchte hier niemanden durch den Kakao ziehen, vielmehr möchte ich bei Ihnen, liebe Leserin, lieber Leser, ein Bewusstsein dafür schaffen, wie wichtig eine entsprechende Kommunikation am Telefon ist. Nur weil der Kunde uns in diesem Moment nicht sehen kann, hinterlassen wir dennoch einen dauerhaften Eindruck. Wenn man viel und aufmerksam telefoniert, erkennt man sofort, dass sich ganz wenige Unternehmen und Mitarbeiter Gedanken über die Art und Weise des Meldens und über den guten Ton am Telefon machen. Häufig wird ein berufliches Telefonat mit einem lapidaren Privatgespräch verwechselt.

In den letzten Jahren musste ich leider erkennen, dass man sich die Art und Weise, wie im Unternehmen telefoniert wird, einfach von den Kollegen abschaut. Über die Richtigkeit macht sich niemand Gedanken und für ein Telefonseminar wird leider am falschen Fleck gespart. Dabei würde genau hier enorm viel Service-Potenzial schlummern.

Kontrollfragen
- Wie melde ich mich, wenn das Telefon klingelt?
- Weiß ich, wie ich meine Kunden ordentlich am Telefon begrüße?
- Bin ich mir bewusst, welche Begrüßung für den Kunden angenehm klingt, sodass er sich willkommen fühlt?

Bereits mit dem korrekten Melden verändern Sie Ihre telefonischen Gepflogenheiten in ein »State-of-the-Art-Element«. Kein Mensch erwartet von Ihnen ellenlange, auswendig gelernte Vierzeiler, die mit »Was kann ich für Sie tuuuuuun?« enden. Dennoch sollten bei einer telefonischen Begrüßung folgende drei Dinge nicht fehlen:

66

1. Der Name des Unternehmens, eventuell Abteilung und/ oder Ort (Golfschule Salzburg, Agentur Besonders, Die Impulsgeber etc.)
2. Der Vor- und Zuname (Maria-Theresa Schinnerl)
3. Und eine angepasste Grußbotschaft (Guten Tag, Guten Morgen etc.)

Die Reihenfolge der drei Bausteine ist dabei egal. Jeder muss für sich herausfinden, wie es einem am leichtesten über die Lippen kommt.

Erlauben Sie mir noch eine zusätzliche Erklärung. Die Art und Weise, wie Sie Ihr Unternehmen titulieren, hängt telefonisch von der Sprachmelodie ab. So klingt es besser, wenn Sie noch ein »Firma« anhängen. Vielen ist auch nicht klar, dass das konkrete Nennen des Vor- und Nachnamens einen großen Vorteil mit sich bringt. Durch den Telefonapparat werden recht schnell Silben und ganze Wörter verschluckt, und da der Nachname im geschäftlichen Bereich eindeutig der wichtigere ist, übernimmt das Nennen des Vornamens einen Platzhalter, um den Nachnamen ordentlich zu verstehen. Aus diesem Grunde wird der Vorname auch immer vor dem Nachnamen genannt. Probieren Sie es gleich aus, Ihren eigenen Vornamen in der richtigen Reihenfolge zu sagen. Sie werden feststellen, dass das auch um einiges persönlicher und somit auch weicher klingt. Achten Sie gleich beim nächsten Telefonat darauf, wie das Ihr Gesprächspartner handhabt. Wenn dieser diese Regel befolgt, können Sie ganz bestimmt den Nachnamen wunderbar hören und in weiterer Folge verwenden. Und um auch noch ein Wörtchen bezüglich der Grußbotschaft loszuwerden, so möchte ich Sie ermutigen, einen Gruß passend der Tageszeit anzuwenden. Übrigens: Seien Sie bitte aus ethischen Gründen vorsichtig, wenn es darum geht, das längst eingebürgerte »Grüß Gott« in Ihrem Betrieb zu verwenden. Mittlerweile sollte man den Mitarbeitern freistellen, welche Grußbotschaft – sofern es eine klassische und geschäftlich korrekte ist – verwendet wird.

Mitarbeiter und Abteilungen eines Unternehmens sollten sich möglichst einheitlich melden. Hierbei kann das Erarbeiten bzw. das Auflegen eines simplen Telefon-Leitfadens hilfreich sein.

Während des Telefonats ist es ein Muss, sich voll und ganz auf den Kunden am anderen Ende der Leitung zu konzentrieren. Hören Sie aufmerksam zu und versuchen Sie, dem Anrufer auch genau das zu vermitteln. Vielleicht erfragen Sie den Namen des Kunden und können diesen in weiterer Folge verwenden? Idealerweise bekommt der Anrufer das Gefühl, dass im Augenblick nur er zählt – egal, wie viel um Sie herum gerade los ist.

Immer wieder werde ich gefragt, wer denn nun die erste Geige spielt, wenn Kunden im Laden, an der Theke etc. stehen und zeitgleich das Telefon klingelt. Hier gilt: Vorrang hat immer derjenige, der persönlich anwesend ist! Bestimmt wurden Sie, beispielsweise an einer Hotelrezeption, schon einmal gefragt, ob man »kurz« abheben dürfe – und bestimmt haben Sie anstandshalber Ja gesagt. Mögen tut das in Wahrheit aber keiner von uns, oder? Genauso wenig möchte aber auch derjenige am Telefon das Gefühl vermittelt bekommen, gerade zu stören. Beide Kunden verdienen die volle Aufmerksamkeit. Alle Telefonanlagen verfügen über eine Rückruffunktion und so kann ich dem anwesenden Kunden sagen: »Jetzt möchte ich mich um Sie kümmern, ich rufe später zurück.« Nachher schenkt man dann dem Anrufer die volle Aufmerksamkeit.

Wir werden uns im Laufe des Buches noch detailliert mit dem Thema Wartezeit beschäftigen. Am Telefon erscheint uns das Verweilen in der Warteschleife als ganz besonders nervenaufreibend. Meist ist es sinnvoll, die Nummer des Anrufers zu notieren, das Anliegen in aller Ruhe zu klären und dann, gerüstet mit den entsprechenden Informationen, einen Rückruf zu tätigen. Der Kunde wird es Ihnen danken, glauben Sie mir.

Vermeiden Sie es zudem, einen Anrufer von Pontius zu Pilatus zu verbinden oder ihn für längere Zeit in die Warteschleife zu hängen. Das wirkt unprofessionell, ist für den Anrufer kaum zu ertragen, sodass man sich nicht wundern muss, wenn man plötzlich einen REIZ-enden Kunden am Telefon hat.

Lächeln am Telefon? Klingt aufs Erste etwas schräg, erzielt aber eine große Wirkung. Sie können gerne die Probe aufs Exempel machen, indem Sie sich einfach selbst aufnehmen und das Gespräch im Anschluss reflektieren. Diese einfache Übung ist in all meinen Seminaren »der Renner" und bietet Aufschluss über das eigene Verhalten am Telefon. Sie werden also den Lächel-Unterschied definitiv merken. Sobald Sie Zähne zeigen, klingt das gesprochene Wort gleich viel freundlicher. Die Körpersprache überträgt den Klang Ihrer Stimme.

Kompaktwissen
Vermeiden Sie Warteschleifen und -zeiten.
Heben Sie nach dem dritten Mal Klingeln ab und lächeln Sie.
Melden Sie sich richtig bzw. vollständig (Unternehmen, Vor- und Zuname, Grußbotschaft).
Seien Sie aufmerksam, interessiert und notieren Sie sich den Namen des Kunden.

Service-Tipp 4: Der erste Eindruck lauert überall

Für vieles im Leben gibt es eine zweite Chance – nicht jedoch für den ersten Eindruck. Aus Unternehmersicht entscheidet

69

dieser darüber, ob Kunden uns als kompetent, vertrauenswürdig und serviceorientiert wahrnehmen. Wenn es einem Unternehmen gelingt, im ersten Moment für einen Wow-Effekt zu sorgen, so hat man den Kunden definitiv auf seiner Seite. Umgekehrt ist es fast unmöglich, Vertrauen und Ansehen zu gewinnen, wenn der erste Eindruck negativ ausgefallen ist.

Es gibt viele verschiedene Theorien darüber, wie lange es dauert, bis wir uns einen ersten Eindruck bilden. Fachkollegen sprechen teilweise von wenigen Millisekunden. Ich persönlich beherzige die »Drei-bis-sieben-Sekunden-Regel«. So lange soll es laut wissenschaftlichen Studien dauern, bis wir uns – im wahrsten Sinne des Wortes – ein Bild vom Gegenüber gemacht haben. Die wichtigste Erkenntnis ist allerdings aus meiner Sicht, dass es tatsächlich *nicht* klappt, sich *kein* Bild vom Gegenüber zu machen. Wir alle stecken Menschen, Unternehmen und Dinge direkt beim ersten Eindruck in Schubladen. Ob wir das nun wollen oder nicht. Je höher wir unseren Gesprächspartner einordnen, desto besser kommt dieser davon. Je tiefer die Schublade gewählt wurde, umso schwieriger wird es für denjenigen, später Sympathie zu entwickeln.

Wir Menschen gehen bei der Bewertung hart miteinander ins Gericht. Mittelmäßig fällt das Urteil nur selten aus. Meist schlägt das Radar in Richtung »sehr gut« oder »extrem schlecht« aus.

Das verdeutlicht uns, wie wichtig es ist, als Dienstleister beim ersten Eindruck gut abzuliefern. Und zwar mit allen uns zur Verfügung stehenden Mitteln. Sympathie, Kleidung, gute Manieren, der perfekte Gruß, die Herzlichkeit, ein Lächeln sowie viele weitere Faktoren spielen hierbei eine Rolle.

An dieser Stelle könnten wir uns über all die eben genannten Dinge ausführlich unterhalten. Wir könnten Forschungsarbeit von Prof. Albert Mehrabian zurate ziehen und würden dabei recht schnell feststellen, dass unsere Körpersprache zu rund 55 Prozent und unsere Stimme zu 38 Prozent entscheidend sind. Das bedeutet, dass gerade einmal sieben Prozent vom Inhalt des Gesprochenen abhängen – in sieben Sekunden schafft man es schließlich kaum, relevantes Wissen zu transportieren. Vergessen Sie aber bitte nicht, dass der erste Eindruck nicht einzig und allein von der Begegnung mit einer Servicekraft abhängig ist.

Denken Sie einmal darüber nach: Wo überall kann Ihr Kunde einen ersten Eindruck gewinnen? Ist das tatsächlich immer nur durch die handelnde bzw. betreuende Person? Schwachstellen können auch an anderer Stelle geortet werden. Wie sieht beispielsweise Ihr Internetauftritt aus? Die Beschilderung Ihres Unternehmens? Die Sauberkeit Ihrer Räumlichkeiten?

Szenario

Ich durfte in Wien ein Mitarbeiter-Training für eine renommierte Bank im High-Potential-Bereich leiten. Bevor ich mich mit den Inhalten des Trainings beschäftigt habe, warf ich einen Blick auf die Website des Unternehmens, um mir einen Überblick zu verschaffen. Tolle Hochglanzbilder zeigten adrett gekleidete, freundliche Menschen, das Gebäude wurde perfekt präsentiert. Doch: Als ich mich auf die Suche nach der genauen Anschrift machte, wurde es kompliziert. Nur mit Müh und Not konnte ich diese über die Website herausfinden. Ein erster Minuspunkt.

Am Tag des Trainings meldete ich mich bei der Dame im Foyer an. Ich erklärte ihr, dass ich die Referentin für das vereinbarte Mitarbeiter-Training sei. »Na, da weiß ich aber nix davon«, antwortete sie mir und neben dieser unprofessionellen Antwort fiel mir ihre längst ausgetrunkene, nicht sehr ansehnliche Kaffeetasse ins Auge. Minuspunkte Nummer zwei und drei. Natürlich störte mich in weiterer Folge auch, dass der kaputte Aufzug mit einem lieblosen »KAPUTT«- Zettel abgesperrt war und die vertrocknete Orchidee am Weg zum Seminarraum. Was ich Ihnen damit verdeutlichen möchte: Der erste Eindruck lauert überall.

Leider vergessen wir oftmals, dass es notwendig ist, mit wachem Blick das Unternehmen ständig unter die Lupe zu nehmen. Eine permanente Kontrolle, ob das Verkaufslokal, das repräsentative Büro, die Theke, welche nun wirklich oft als Anlaufstelle angepeilt wird, oder was auch immer in Ihrem Wirkungsbereich beurteilt werden kann, sich so zeigt, wie der Kunde das gerne sehen möchte, ist essenziell.

Sehr häufig bediene ich mich hierfür eines einfachen Tricks: Bei der »Customer Journey« geht es darum, sich Gedanken darüber zu machen, wo genau die einzelnen Kunden-Berührungspunkte oder Touchpoints stattfinden. Die Kundenreise beginnt dort, wo der Kunde sich auf die Suche nach Ihnen macht – digital und analog. Wo auch immer der Kunde seine ganz persönliche Reise beginnt, man kann als Unternehmen dort ansetzen und darauf achten, dass der erste Eindruck stimmt. Dieser erste Eindruck legt schließlich das Fundament für das Vertrauen oder das Misstrauen, welches die weitere Geschäftsbeziehung prägt.

Kontrollfragen
- Wann haben Sie zuletzt mit wachem Auge Ihr Unternehmen gescannt?
- Stimmt Ihr erster Eindruck digital und analog?
- Bekommt Ihr Kunde stets einen servicierten ersten Eindruck?

Kompaktwissen
Der erste Eindruck zählt – überall – digital und analog.
Thematisieren Sie das Auftreten Ihrer Mitarbeiter.
Kontrollieren Sie die Optik Ihres Unternehmens.
Achten Sie auch auf die Kleinigkeiten (Beschriftungen,
Beschilderungen, Theken etc.).

Service-Tipp 5: Warum in jeder Beschwerde eine Chance steckt

Wir alle kennen und fürchten sie: Reklamationen und Beschwerden. Zweifelsohne ist das die Art von Kundenbegegnung, die wir nicht unbedingt zu unserer Lieblingstätigkeit zählen. Dennoch sollte man auch hierbei das Potenzial voll und ganz nutzen und ein solches, eventuell schwieriges Gespräch in ein Instrument der Kundenbindung verwandeln.

Warum? Ganz einfach: Immerhin kann jede Beschwerde, jede Reklamation beziehungsweise jede Kritik als Möglichkeit zur *kostenlosen Unternehmensberatung* gesehen werden. Im Grunde müssen wir jedem Kunden dankbar sein, der seinen Unmut kundtut. Wenn man die Thematik einmal aus einem anderen Blickwinkel betrachtet und Zahlen, Daten und Fakten beleuchtet, so kann man festhalten, dass rund die Hälfte derjenigen, die Grund zur Beschwerde haben, nichts sagen – zumindest nicht auf direktem Weg. Die andere Hälfte gibt dem Unternehmen immerhin die Chance, das Problem nachhaltig aus der Welt zu schaffen.

Gerne möchte ich an dieser Stelle ein sogenanntes »Best-Practice-Beispiel« vorstellen. Die international bekannte Hotelmarke »Ritz Carlton« hat vor vielen Jahren ein in meinen Augen vorbildliches System entwickelt. Der Grundsatz für Mitarbeiter in Sachen Kundenbeschwerde lautet: »Ownership of the problem«. Was bedeutet, dass jeder einzelne

73

Mitarbeiter aufgefordert ist, sich augenblicklich um ein Anliegen zu kümmern. Dabei spielt es keine Rolle, ob es sich um das Zimmermädchen, den Barkeeper, die Rezeptionistin oder den Hoteldirektor höchstpersönlich handelt. Derjenige, der angesprochen wird beziehungsweise ein Problem bemerkt, ist aufgefordert, sich unverzüglich um das Anliegen zu kümmern. Er trägt die Verantwortung zur Lösung des Problems und ist in dieser Zeit von allen anderen Tätigkeiten befreit. Dazu kommt: Jeder Mitarbeiter darf pro Vorfall bis zu 2.000 Dollar »Schadensgeld« aufwenden, um das Problem aus der Welt zu schaffen. Viel Geld, keine Frage. Aber versuchen Sie das Ganze einmal aus einer anderen Perspektive zu betrachten. Wenn Geld bei der Lösung eines Problems kein Hindernis darstellt, werden Mitarbeiter dann nicht schneller kreativ und denken über mögliche Auswege nach? Einfach weil der Handlungsspielraum gegeben ist? Ich kann Ihnen bestätigen, dass die gesamte Summe von den Mitarbeitern so gut wie nie aufgewendet wird und keiner bewusst das gesamte Budget ausschöpft. Es sind meist nur ein paar Dollar für einen Drink an der Bar, manchmal ist es eine Taxifahrt, um Vergessenes zu besorgen oder um den Saum eines Kleides reparieren zu lassen. Das Schöne an dieser – lassen Sie es mich Regel nennen – ist, dass jener Mitarbeiter sofort und unkompliziert ohne Rückfrage ins Handeln kommen kann. Und das ist der entscheidende Faktor.

Wie gehen Sie mit Beschwerden und Reklamationen um? Ich kenne so unglaublich viele Unternehmen, die schlichtweg in eine Schockstarre verfallen, wenn es darum geht, REIZ-ende Kunden zu betreuen. Meistens geschieht dies, weil ein Mitarbeiter oder eine Abteilung eben keinen Handlungsspielraum hat und der Chef oder die Chefin gerade nicht greifbar ist.

Reklamationen, Beschwerden und Kritik bieten demnach die Chance, Kunden positiv zu beeindrucken. Die unzufriedenen Gäste und Abnehmer möchten in diesem Fall in

74

erster Linie verstanden werden und schätzen unkomplizierte Lösungsansätze. Wenn freundliches Entgegenkommen signalisiert wird, gibt es am Ende zwei Gewinner.

Gerne möchte ich Ihnen heute einen Leitfaden mit auf den Weg geben. Mithilfe dieses Sieben-Punkte-Systems gelingt es, schwierige Kunden zu besänftigen und die Situation zu entschärfen.

1. Hören Sie Ihren Gesprächspartnern zu. Zu jeder Beschwerde/Reklamation gibt es eine Geschichte.

2. Lassen Sie Ihr Gegenüber auf jeden Fall ausreden. Genau das würden Sie doch auch wollen, oder?

3. Entschuldigen Sie sich. Wenn es Ihnen persönlich schwerfällt, gerne auch im Namen Ihres Unternehmens.

4. Fragen Sie nach dem Grund der Beschwerde. Es könnten auch andere Kunden betroffen sein oder zu Schaden kommen.

5. Offerieren Sie ein Lösungsangebot rasch, unkompliziert und passend für die jeweilige Situation. Eine adäquate Alternative ist hier ebenso eine gute Angebotsvariante.

6. Erledigen Sie, was immer nun zu tun ist, damit man zum Abschluss kommen kann. Eventuell überlegen Sie sich eine kleine Geste, ein kleines Geschenk als Entschuldigung für die Unannehmlichkeiten.

7. Bedanken Sie sich für das Feedback. Der Kunde hätte schließlich auch kommentarlos zur Konkurrenz wechseln können, ohne Ihnen die Chance zu geben, die Situation zu klären.

Schlechte Erfahrungen werden durchschnittlich an etwa sieben bis neun Freunden, Bekannten und Verwandten weitererzählt. Alles potenzielle Kunden, die ein negatives Bild präsentiert bekommen. Weitaus mehr sind es bei Online-Rezensionen. Wenn eine richtig schlechte Beschwerde in den sozialen Netzwerken landet, kann diese großen Schaden anrichten.

Ich versichere Ihnen, wenn Sie bei Beschwerden, Reklamation und Kritik gut sind, dann gehören Sie zu den Top-Unternehmen. Das Potenzial, das hier schlummert, wird leider viel zu oft verkannt. Ich empfehle Ihnen, mit Ihren Mitarbeitern genau hier anzusetzen, und kann Ihnen versprechen, dass es sich lohnen wird.

Kompaktwissen

Reklamationen und Beschwerden sind eine kostenfreie Unternehmensberatung.

Gewährleisten Sie, dass der Handlungsspielraum klar und eine schnelle Abwicklung sichergestellt ist.

Beherzigen Sie den Sieben-Punkte-Leitfaden.

Service-Tipp 6: Komplimente mag man eben

Wann haben Sie zuletzt ein Kompliment bekommen? Ich hoffe für Sie, es war erst vor Kurzem – schließlich braucht jeder von uns Anerkennung, Zuspruch und Lob. Noch viel wichtiger ist allerdings die Frage: Wann haben Sie zuletzt ein Kompliment verteilt? Falls Sie jetzt an platte Komplimente wie »Schöne neue Frisur« denken, dann vergessen Sie das ganz schnell wieder. Diese Art von »Aufmerksamkeit« meine ich ganz und gar nicht. Vielmehr geht es mir darum, wohlplatzierte Komplimente an unsere Kunden und Mitarbeiter zu verteilen. Und genau das scheint mir aus der Mode gekommen zu sein. Schlägt man im Duden nach, so wird »Kompliment« wie folgt beschrieben: Eine lobende, schmeichelhafte Äußerung, die jemand an eine Person richtet, um ihr etwas Angenehmes, Erfreuliches zu sagen.

Viele Menschen scheinen die Auffassung zu vertreten, dass man sich Komplimente erst verdienen muss oder man sich selbst lächerlich macht, wenn man jemandem Lob aus-

76

spricht. Ebenso möchte ich mit dem Mythos aufräumen, dass sich nur Frauen über ein wertschätzendes Sätzchen freuen. Nichts davon stimmt. Komplimente erzielen bei unserem Gegenüber immer ein positives Gefühl, vorausgesetzt, ein paar wichtige Grundregeln werden eingehalten.

Hier eine Checkliste für Komplimente:

- Es muss ehrlich gemeint sein und soll von Herzen kommen.
- Positive Formulierungen sind das Zünglein an der Waage.
- Idealerweise ist das Kompliment wohlplatziert und »exklusiv« für den Empfänger.
- Das Kompliment sollte immer zur Situation passen.

Vor allem im Kundenkontakt ist es wichtig, unserem Gegenüber nicht mit billigen Sprüchen zu schmeicheln, sondern mit ehrlich gemeinten Worten Freude zu bereiten. Wir können beispielsweise jederzeit die Auswahl und den Kauf löblich erwähnen und sagen: »Da haben Sie sich heute etwas ganz Besonderes ausgesucht. Ich gratuliere Ihnen von Herzen zum Kauf!« Oder: »Haben Sie viel Freude mit dem neuen Produkt. Ich bin der Meinung, das hat genau auf Sie gewartet.« Oder wie wäre es mit: »Ich schätze es sehr, dass Sie sich bereits im Vorfeld mit dem Produkt und dessen Beschreibung auseinandergesetzt haben – das ist großartig!« Selbstverständlich zählen auch die Klassiker: »Frau Maier, mit Ihnen telefoniere ich einfach immer so gerne. Ihre gute Laune ist einfach ansteckend!« Oder: »Es ist immer wieder eine Freude, Sie zu sehen!«

Wenn für Sie die Disziplin »Komplimente machen« (noch) schwierig ist, dann leiten Sie ein Kompliment am besten so ein: »Darf ich Ihnen ein Kompliment machen?« Ich kenne niemanden, der darauf mit »Nein, auf keinen Fall« antwortet, und so bekommt die Geste die Wirkung, die sie verdient hat.

Kontrollfragen

- Haben Komplimente bei Ihnen einen besonderen Stellenwert?
- Machen Sie dem Empfänger durch das wohlplatzierte Setzen von Komplimenten eine Freude?
- Hat Lob und Anerkennung Platz in Ihren Abläufen?

Auch der richtige Umgang mit positiven Rückmeldungen will gelernt sein. Bekommt man ein Kompliment, so liegt es an uns, dieses dankend anzunehmen und beispielsweise mit einem Lächeln zu antworten. Der »Komplimente-Macher« freut sich durchaus über eine positive Reaktion. Leider passiert es häufig, dass wir mit Sätzen wie »Das wäre ja nicht nötig gewesen« oder abwinkenden Gesten auf nett gemeinte Worte kontern. Dabei sollten wir uns gegenseitig mit positivem Feedback dazu motivieren, häufiger ehrlich gemeinte Komplimente zu verteilen.

Vergessen Sie nicht: Es gibt im wahrsten Sinne des Wortes keine günstigere Möglichkeit, unseren Kunden und Mitarbeitern eine Freude zu bereiten.

Kompaktwissen
Machen Sie wohlplatzierte Komplimente, so oft es geht.
Komplimente sind auch bei Kunden beliebt.
Beachten Sie dabei die Regeln: ehrlich, positiv formuliert und zur Situation passend.

Service-Tipp 7: No-Go Wartezeit

Ich frage Menschen gerne danach, wann und vor allem worüber sie sich als Kunden zuletzt fürchterlich geärgert haben.

78

Sie können sich sicher vorstellen, dass den meisten auf der Stelle eine Menge »No-Gos« im Bereich Dienstleistung einfallen. Es gibt sogar eine »schwarze Service-Liste« des anerkannten Befragungsinstitutes Deutsches Marketing Barometer, auf der Verhaltensweisen und Verfehlungen, die Kunden nachweislich zur Weißglut treiben, aufgelistet sind. Platz eins erraten interessanterweise die wenigsten auf Anhieb. Es handelt sich dabei um Wartezeit.

Tatsächlich ist Warten eine Sache, die uns als Konsumenten und Kunden schier in den Wahnsinn treibt. Wir assoziieren damit vergeudete Zeit und fehlende Wertschätzung. Ob im Stau auf der Autobahn, an der Supermarktkasse, die Zeit im Restaurant, bis die Bedienung kommt, oder die nie enden wollende Zeit in der Warteschleife am Telefon. Meist reicht schon der Gedanke daran, um genervt mit den Augen zu rollen. Nicht wahr?

Obwohl wir alle diesen Kritikpunkt nachempfinden können, schaffen es nur wenige Unternehmen, sich mit dem Thema ernsthaft auseinanderzusetzen und Lösungen zu finden und Wartezeiten geschickt zu überbrücken. Ich kann nicht verstehen, warum man beim Arzt im Wartezimmer mit abgegriffenen Zeitschriften aus dem Jahre Schnee vorliebnehmen muss, wenn es doch die Möglichkeit gäbe, beispielsweise Sudokus aufzulegen oder Leseproben der aktuellen Bestseller jeglicher Genres anzubieten. Der Berufsstand der Friseure geht hier seit vielen Jahren mit bestem Beispiel voran. Während wir mit Folien geschmückt herumsitzen, wird uns dort eine Auswahl an Kaffeespezialitäten serviert, Zusatzleistungen wie Augenbrauenfärben oder eine Maniküre werden angeboten, und wenn es sich um einen besonders dienstleistungsorientierten Salon handelt, kann es sogar vorkommen, dass man anstelle einer Zeitschrift ein iPad als Leihgabe gereicht bekommt.

Szenario

Mein Mann bestellt in seiner Funktion als Landestrainer jedes Jahr zur selben Zeit diverse Bekleidungsstücke für seinen Kader. Im laufenden Jahr hat er versucht, die Überjacke von einer namhaften Sportfirma zu beziehen, um den jungen Nachwuchstalenten eine Freude zu bereiten. In einem E-Mail formulierte er also sein Anliegen und freute sich, als er prompt eine Antwort erhielt. Die Begeisterung verflog aber rasch, als er den Inhalt der E-Mail las: Höflich wurde er darauf hingewiesen, dass der Markenhändler die Anfrage erhalten habe, aber mit einer Bearbeitungszeit von etwa zwei bis drei Wochen zu rechnen sei. Kurioserweise hat man sich auch nach dem prognostizierten Zeitrahmen erst gar nicht mehr gemeldet.

Sie können sich sicher denken, dass mein Mann die Überjacke letztendlich von einem anderen Anbieter bezogen hat. Eine derart lange Wartezeit ist heutzutage einfach nicht akzeptabel – da kann das Produkt noch so gut sein. In einem solchen Fall bekommt ein anderer den Vortritt. Das muss uns als Unternehmer klar sein.

Kontrollfragen

- In welchen Bereichen entsteht bei Ihnen Wartezeit?
- Wie reagieren Sie und Ihre Mitarbeiter, wenn für Kunden Wartezeit entsteht?
- Welche konkreten Maßnahmen setzen Sie, um die Wartezeit möglichst angenehm zu überbrücken?

Natürlich ist mir bewusst, dass sich Wartezeiten nicht immer vermeiden lassen. Ich empfehle Ihnen daher: Wenn es zu ungeplanten Verzögerungen kommt, thematisieren Sie die Angelegenheit, indem Sie beispielsweise zu Ihren Kunden sagen:

»Nehmen Sie doch gerne schon einmal Platz und genießen Sie einen Schluck frischen Kräutertee, das verkürzt die Wartezeit.« Oder: »Um Ihre Wartezeit angenehm zu gestalten, haben wir für Sie die Farbpaletten bereitgestellt, da können Sie schon einmal vorab schmökern.« Außerdem ist es immer eine schöne Sache, wenn Mitarbeitern auffällt, dass Kunden geduldig gewartet haben. »Vielen Dank für Ihre Geduld«, oder: »Danke fürs Warten, nun bin ich ganz für Sie da«, lassen oftmals den Ärger der Kunden schnell verfliegen.

Das Eintakten von Lieferfristen kann ebenso ein Baustein der Wartezeit sein. Mit vielen Kunden habe ich bereits daran gearbeitet. Sofern also aufgrund von gewissen Lieferzeiten beim Kunden Wartezeit entsteht, wird eine finale, mit Sicherheit mögliche Frist beim Kunden deponiert. Innerbetrieblich jedoch setzt man die Deadline früher. Wenn also die Aussicht für den Kunden lautet, dass die Ware in »spätestens« sieben Tagen eintrifft, ist jeder Tag, an dem die Ware früher geliefert wird, ein Bonus-Tag und erzeugt Freude beim Kunden. Im Unternehmen wiederum ist man gewappnet, sollte man mehr Zeit benötigen. Für Unmut wiederum sorgt man jedenfalls, wenn nach dem prognostizierten Zeitfenster die Ware nicht eintrifft. In diesem Falle ist es nötig, den Kunden unmittelbar zu informieren, dass man leider die Frist nicht halten kann. Nichts zu kommunizieren ist keine Option.

Lassen Sie Ihre Kunden nicht im Regen stehen. Eine durchgängige Kommunikation, was Fristen betrifft, ist essenziell.

Szenario

Eine liebe Kundin hat mir von einem weiteren positiven Beispiel berichtet. Sie ist Marktleiterin in einem großen Lebensmittelladen und hatte kürzlich mit einem Totalausfall der Technik und damit aller Kassen zu kämpfen. Aufgebrachte Kunden liefen durch den Laden, die schlechte Laune und Ungeduld war deutlich spürbar. Kurzerhand schickte die Führungskraft drei ihrer Mitarbeiter mit geöffneten Pralinenschachteln durch die Reihen. Diese erklärten die Situation und entschuldigten sich für die Unannehmlichkeiten. Man bot den Kunden an, die gefüllten Einkaufswagen zur Seite zu stellen und diese später abzuholen, sollte es jemand eilig haben. Die Aktion zeigte Wirkung: Kein einziger Kunde verließ den Laden.

Das Beispiel zeigt, wie wichtig es ist, aktiv auf Wartezeiten zu reagieren. Wenn man diese ohnehin vorhersehen kann, ist es ratsam, den Kunden schnellstmöglich zu informieren und eventuell andere Möglichkeiten oder Alternativen in Betracht zu ziehen. Sollten sich Kunden jedoch dazu entschließen, auf unsere Dienste zu warten, liegt es an uns, ihnen mit Dankbarkeit und Wertschätzung zu begegnen.

Kompaktwissen
Vermeiden Sie Wartezeiten.
Thematisieren Sie entstandene Wartezeiten.
Kreieren Sie Möglichkeiten, um Wartezeiten angenehm zu verkürzen.
Idealerweise unterschreiten Sie vorgegebene Zeithorizonte.

Service-Tipp 8: Zauberwörter & Co.

Die berühmten Zauberwörter kennt doch jeder, nicht wahr? Ich erinnere mich noch gut daran, als ich bei meiner Tochter damit begann, ihr ständig in den Ohren zu liegen: »Wie heißt das Zauberwort?« Immer wieder erinnerte ich sie daran, höflich Bitte und Danke zu sagen. Mittlerweile klappt das – bis auf ein paar Ausnahmen – recht gut. Die zweite Hürde in der Disziplin der höflichen Umgangsformen hieß für meine Tochter: Grüßen lernen. Hier kann ich mit einer kleinen Anekdote aufwarten, die mich immer wieder zum Schmunzeln bringt.

Szenario

Ich habe als Mutter akribisch darauf geachtet, dass mein Töchterlein junge Menschen und diejenigen, die wir kennen, mit dem umgangssprachlichen, österreichischen »Griaß Di« und alternativ mit »Hallo« begrüßt, und all jene, die schon etwas älter sind, oder Menschen, die wir nicht kennen, mit dem höflicheren »Grüß Gott« zu grüßen. Als wir eines Tages gemeinsam in einer Tabak Trafik Besorgungen erledigten und ich mich von der 20-jährigen Verkäuferin mit einem »Auf Wiedersehen« verabschiedete, blieb meine Tochter vehement stehen und meinte entrüstet: »Mama, das verstehe ich jetzt nicht. So alt ist die Dame doch auch wieder nicht!« Ich kam natürlich in Erklärungsnot – bei der Trafikantin und bei meiner Tochter.

So einfach ist das mit den »Zauberwörtern« und höflichen Umgangsformen also doch nicht. Weder für Kinder noch für Erwachsene. Ich bin jedoch der Meinung, dass eine ordentliche Kommunikation im Alltag, vor allem aber auch im Bereich Kundenservice, unerlässlich ist. Aus diesem Grunde möchte ich ein paar kleine Tipps zur Verbesserung von Formulierungen aufführen. Wie oft verwenden wir alle beispielsweise im Kontext das Wort »müssen«? Dabei klingt ein höfliches »Sind Sie bitte so lieb« oder ein »Wären Sie so freundlich« doch gleich sympathischer. Wer an seinem

Wortschatz arbeiten möchte, sollte zudem auf die viel genutzte Phrase »kein Problem« verzichten. Warum? Das ist schnell erklärt: »Kein« ist eine Verneinung und »Problem« ein negatives Wort. Als Alternative bieten sich hier Formulierungen wie »sehr gerne«, »selbstverständlich« oder »natürlich« an. Diese Wörter klingen freundlich und erzielen automatisch eine bessere Wirkung.

Es ist allemal netter, wenn wir anstelle einer Aufforderung eine Bitte formulieren. Wenn wir uns höflich erkundigen, aufmerksam hinhören oder freundlich nachfragen. Kleine Änderungen im Wording verändern die Emotionalität im Gespräch.

Was mich immer wieder ganz besonders stört, sind unqualifizierte Aussagen auf wohlberechtigte Kundenfragen. In Gedanken nehme ich Sie kurz mit in einen Baumarkt. Es soll ja bekanntlich vorkommen, dass man als Kunde hier nicht alle Produkte auf Anhieb selbst findet und man daher gerne Mitarbeiter um Hilfe bittet. Stellt man also die Frage, wo man denn den Wunschartikel finden könne, erhält man häufig die äußerst unprofessionelle Antwort: »Dafür bin ich nicht zuständig.« Jedes Mal, wenn ich diese Aussage zu hören bekomme, sträuben sich bei mir sämtliche Nackenhaare. Für mich ist jeder Mitarbeiter, der ein Namensschild oder ein Shirt des Ladens trägt – sprich jeder, der dort arbeitet –, in der Verantwortung. Ob man nun für diese Abteilung zuständig ist oder nicht. Es gibt für mich nur eine einzig akzeptable Reaktion auf eine derartige Kundenfrage: Wenn ich selbst nicht helfen kann, biete ich umgehend an, einen qualifizierten Kollegen zu informieren und vorbeizuschicken oder idealerweise den Kunden zum Kollegen zu begleiten.

Noch eines sollten Mitarbeiter unbedingt beherzigen: Bevor man einem Kunden eine plumpe Absage erteilt, wie etwa: »Der Artikel ist ausverkauft!«, ist es allemal besser, eine schlüssige alternative Variante anzubieten, um dem Kunden zu zeigen, dass man bemüht ist, eine Lösung zu fin-

84

den. Ob der Kunde die Alternative akzeptiert, ist übrigens einerlei. Hier geht es in erster Linie darum, dass man den Kunden mitsamt seinen Wünschen wertschätzt.

Die Grundregel in der erfolgreichen Kundenkommunikation lautet: Formulieren Sie Ihre Aussagen und Antworten stets positiv und lösungsorientiert.

Kontrollfragen

- Wird in Ihrem Unternehmen mittels »No-Gos« kommuniziert?
- Formuliert man in Ihren Reihen in positiver Art und Weise?
- Bekommt die Kommunikation in Ihrem Unternehmen den Stellenwert, den sie verdient?

Kompaktwissen
Achten Sie auf eine wertschätzende Kommunikation. Verwenden Sie positive Wörter (Zauberwörter). Vermeiden Sie verbale Fehltritte.

Service-Tipp 9: Schluss mit Nonsense-Service

Szenario
Mein Mann und ich haben über einen längeren Zeitraum derselben Automarke die Treue geschenkt. Aus diesem Grund haben wir auch dieselbe Fachwerkstätte für Serviceleistung in Anspruch genommen. Vierteljährig hat dieses Autohaus ein schick gestaltetes Hochglanzmagazin ausgeschickt, welches wir immer gerne

85

gelesen haben. Dennoch hat mich gestört, dass man uns jeweils zwei Exemplare an dieselbe Adresse hat zukommen lassen. Ich griff also zum Hörer und bat höflich, einen Adresssatz aus der Kartei zu nehmen. »Selbstverständlich, das machen wir gerne«, säuselte eine Damenstimme am anderen Ende der Leitung. Im darauffolgenden Quartal trudelten wieder zwei Exemplare ein. Noch einmal machte ich mir die Mühe und bat um eine Änderung. Funktioniert hat es erneut nicht. So wurde aus einer gut gemeinten und vor allem kostspieligen Service-Leistung ein negatives Kundenerlebnis.

Gut gemeint ist nicht immer gut gemacht. Bei jeder Marketingmaßnahme sollte gewährleistet werden, dass diese für den Kunden eine positive Auswirkung hat.

Mein »Impulsgeber«-Geschäftspartner und ich sind Freunde von sinnvollen Aktionen. So hinterfragen wir beispielsweise die Sinnhaftigkeit von Weihnachtskarten. Jahrelang dachten wir, es wäre ein MUSS, in dieser speziellen Jahreszeit einen lieben Gruß an die Kunden zu senden. Im Jahr darauf machten wir die Probe aufs Exempel: Wir verschickten keine Karten, fragten aber stichprobenartig bei unseren Kunden nach, ob Sie denn unsere Karte bekommen hätten. Stellen Sie sich vor: Jeder einzelne der Befragten bedankte sich ganz artig für unseren Weihnachtsgruß – obwohl es nie einen gab.

Vielleicht denken Sie nun, dass das ein liebgewonnenes Ritual geworden und der Versand in Ihren Augen ein schöner Service an Ihre Kunden ist. Das möchte ich Ihnen nicht absprechen. Ich möchte aber auch einen Anstoß liefern, ob es nicht eventuell sinnvoller wäre, eine solche Aktion auf einen Zeitraum zu verlegen, wo Sie das Alleinrecht genießen können. Eventuell punkten Sie mit einer hübschen Karte zu Ostern im nächsten Jahr? Oder aber Sie wünschen Ihren Kunden einen schönen Sommer?

86

Oftmals machen Unternehmen Dinge aus Gewohnheit und vergessen darauf, diese zu hinterfragen.

Vor Kurzem habe ich im Parkhaus einer Seilbahnstation eine Entdeckung gemacht: Um sich nach dem Skifahren oder nach einer Skitour umziehen zu können, wurden sogenannte »Umkleideschnecken« auf jeder Parketage installiert. Optisch ein Blickfang, und auch die Idee fand ich großartig. Ich kam mit einer Mitarbeiterin der Bergbahnen ins Gespräch und lobte diesen tollen Service. Sie meinte allerdings, dass diese kaum bis gar nicht genutzt würden, da es dort keine Möglichkeit zum Abschließen gibt. Schade um die Investitionskosten.

Zum Nonsense-Service gehören auch Datensätze, die längst eine Wartung oder Überarbeitung nötig haben. So ist es zum Beispiel nur wenig erfreulich, wenn man eine Aufforderung zum TÜV erhält, obwohl man das Kennzeichen sowie das dazugehörige KFZ seit Jahren nicht mehr zum Eigentum zählt.

Ein anderes Beispiel: Weil es eine »Vorgabe« ist, musste meine Freundin letztens zwei zerbrochene Teller aus einer Online-Bestellung an das Unternehmen zurücksenden, obwohl sie vorab Bilder von der nicht intakten Ware geschickt hatte. Macht es denn Sinn, defekte Ware über den Postweg zur Entsorgung zu schicken?

Wundern Sie sich eventuell auch, weil Sie an der Hotelrezeption alle Datensätze ausfüllen müssen, obwohl Sie bei der Buchung bereits all die wichtigen Informationen zu Ihrer Person bereits übermittelt haben? Ich fände es schön, wenn man sich da nur noch auf die fehlende Unterschrift einigen könnte.

Ich bin mir sicher, dass Sie die Message meinerseits verstanden haben. Es gilt einfach, Prozesse immer wieder auf Sinnhaftigkeit zu prüfen und anzupassen.

Lange bürokratische Wege, obwohl es längst einfacher ginge. Leidiges Terminmanagement, obwohl eine gute Software eventuell Termine auch unkompliziert online vergeben könnte. Vorausgefüllte Datenblätter, wo der Kunde einfach unkompliziert nachkontrolliert, anstatt die vielen Datensätze wieder und wieder aufzuführen. Bestimmt fallen Ihnen in Ihrem Bereich viele Dinge ein, die es längst verdient haben, einer einfachen Handhabe unterzogen zu werden.

Kontrollfragen
- Welche unsinnigen Aktionen werden bei Ihnen an den Tag gelegt?
- Wo sehen Sie Potenzial zur Vereinfachung?
- Welche Prozesse können Sie eventuell eliminieren?

Mir gefällt der Ansatz von flotten, modernen Start-up-Unternehmen sehr gut. Neue Mitarbeiter, die mit frischem Elan ins Unternehmen kommen, werden aufgefordert, mit wachem Blick die Prozesse zu hinterfragen. Ehrlich berichten sie nach etwa einer Woche, wo derer Meinung nach Potenzial zur Vereinfachung, Straffung von Prozessen oder Verbesserung liegt. Oftmals ist das ein Augenöffner, denn wie wir alle wissen, ist oft die Betriebsblindheit der Feind für Innovation.

Kompaktwissen
Verabschieden Sie unnötige Services, die der Kunde ohnehin nicht schätzt oder braucht.
Hinterfragen Sie Standards und Prozesse auf Aktualität und Einfachheit.
Bitten Sie neue Mitarbeiterinnen und Mitarbeiter, mögliche Nonsense-Services aufzudecken.

88

Service-Tipp 10: Nicht anwesend – aber mit Stil und Humor!

Noch nie war die Zeit so schnelllebig wie heute. Alles muss sofort und gleich passieren, Wartezeiten plant keiner von uns mehr ein. Kaum mehr vorstellbar, wie die Dinge liefen, als wir noch auf Briefe und die Post für einen Großteil unserer schriftlichen Kommunikation angewiesen waren.

Dennoch, wo Menschen arbeiten, gibt es hie und da auch Verzögerungen in der Kommunikation, und nicht selten machen uns undurchdachte, lieblose und vor allem schlecht erstellte Rückmeldungen darauf aufmerksam.

Szenario

Um bezüglich eines Auftrages ein paar Eckdaten abzuklären, wandte ich mich mit einer kurzen E-Mail an die durchführende Agentur in Wien. Die postwendende Antwort ließ mich schlimmstes erahnen: Abwesenheitsnotiz. Noch bevor ich die Mail geöffnet hatte, habe ich mir schon Gedanken darüber gemacht, wie ich nun wohl an meine Informationen kommen würde. Die Sorge war in diesem Fall jedoch völlig unbegründet. Vielmehr ließ mich die humorvoll verfasste Abwesenheitsmeldung schmunzeln: »Wie wäre es mit zwei bis drei Tagen in den Bergen ...? Nun, das habe ich mir auch gedacht und deshalb eine Almhütte ohne WLAN gebucht, um einfach mal die Seele baumeln zu lassen. Während ich also meine freien Tage genieße, ist unser höchstmotiviertes Team selbstverständlich für Sie (fast) 24 Stunden am Tag und das an sieben Tagen die Woche für Sie da. In Ihrem Fall empfehle ich Ihnen, sich gleich an meine sehr geschätzte Kollegin, Vor- und Nachname, E-Mail-Adresse, zu wenden. Ich bin mir sicher, sie erfüllt Ihre Wünsche. Ich sag dann schon mal: ‚Hollaredulljööööö!!!' Alles Liebe, Ihre – mit Humor gesegnete – Mitarbeiterin der Eventagentur XY!«

Großartig. Wenn man diese Zeilen liest, dann ziehen sich die Mundwinkel automatisch nach oben. Sie können an dieser Stelle gerne zugeben, dass Sie auch schmunzeln mussten, nicht wahr? So ein extravaganter und vor allem ungewohnter Abwesenheitsassistent macht einfach Freude und einen enormen Unterschied. Nicht die Tatsache, dass man nun wüsste, wo die Mitarbeiterin Urlaub macht, sondern die klare Linie, wer mir nun in meinem Anliegen behilflich ist, macht es aus.

Eine solche Formulierungsweise entspricht der 5-A-Regel: *Angenehm anders als alle anderen.* Genau aus diesem Grund ist diese andere Art für uns auffällig und macht gute Stimmung.

Ein weiteres, wunderbares Beispiel dafür, wie humorvoll und persönlich eine Abwesenheitsnotiz aussehen kann, zeigt folgende Version:

»Waaaaaaas? Eine Abwesenheitsnotiz? Genau, denn ich nütze die gut verstreuten Feiertage für eine Auszeit – bis 2020. Klingt toll – und das ist es auch! Am 14. Jänner bin ich wieder höchstpersönlich für Sie da. Wenn Sie jedoch sehr ungeduldig sind, dann können Sie ab 3. Jänner gerne Frau Mia Mustermann unter der folgenden E-Mail-Adresse (mm@eventagentur_xy.com) kontaktieren oder in unserem Agentur-Büro anrufen. Fröhliche Feiertage und einen guten Start ins neue Jahr 2020!«

Selbstverständlich ist es wichtig, die Wortwahl und die Art des Humors an das persönliche Tätigkeitsfeld anzupassen. Passt es zur Firmenphilosophie oder gar zum Produkt oder zur Dienstleistung, was ich an meine Kunden aussende?

Wichtig ist, in jedem Fall auf die positive, humorvolle und dennoch elegante Ausdrucksweise zu achten.

Ähnliches gilt für Textnachrichten, welche oft schnell und unbedacht an Anrufer versendet werden. Zum Beispiel: »Ich kann gerade nicht sprechen«, oder: »Bin in einer Besprechung.« Finden Sie nicht auch, dass man dabei unweigerlich das Gefühl bekommt, mit seinem Anruf zu stören? Wir sollten uns daher gut überlegen, wie unsere Shortmessage beim Gegenüber ankommt. Wäre es nicht sinnvoller, in diesem Fall eine persönliche Version zu kreieren, die wertschätzend formuliert ist? Eine solche, persönliche Kurznachricht ist schnell verfasst und abgespeichert und verleiht Ihren Rückmeldungen definitiv eine persönliche, freundliche Note.

Was aber tun, wenn der Anrufer auf die Mobilbox kommt? Die Lösung bietet hier eine wohlüberlegte, persönlich besprochene Mailbox-Nachricht. Kein Freund bin ich von einer fehlenden Mobilboxansage. Auch nicht von vorgesprochenen Versionen, die meist vom Telefonanbieter angeboten werden. Natürlich ist mir aber auch bewusst, dass das Besprechen der Mailbox für viele Menschen eine Herausforderung darstellt.

Viele starten mit den Worten: »Leider bin ich im Moment nicht erreichbar …« Wenn Sie aber kurz über diesen Einstieg nachdenken, wird Ihnen sicher schnell klar, dass es diesen Satz nicht braucht – die Tatsache liegt ja auf der Hand. Viele entscheiden sich zudem für den Satz: »Hinterlassen Sie eine Nachricht nach dem Piepton.« Auch darauf muss man den Anrufer im Grunde heutzutage nicht mehr hinweisen.

Stellen wir uns lieber die Frage, was genau für den Anrufer relevant ist. Ich empfehle eine kurze, knackige und vor allem höfliche Version, wie beispielsweise: »Lieber Anrufer, das ist die Mobilbox von Max Mustermann. Ich freue mich auf Ihre Nachricht und bemühe mich, Sie so schnell als möglich zurückzurufen. Auf Wiederhören!«

Kleiner Tipp: Um Höflichkeit und Freundlichkeit zu transportieren, ist es wichtig, beim Besprechen der Mailbox – so wie bei allen anderen Telefonaten – zu lächeln. Man sieht Ihr Strahlen zwar nicht, kann es aber in jedem Fall hören.

Humorvolle Botschaften sind natürlich auch beim Besprechen der Mailbox erlaubt – wohldosiert versteht sich von selbst. Ein mir bekanntes Installationsunternehmen löst beispielsweise die Abwesenheit zur Mittagszeit folgendermaßen: »Geschätzte Kunden! Höchstwahrscheinlich kennen Sie unser Unternehmen gut. Aus diesem Grund wissen Sie, dass unsere Mitarbeiter immer bemüht sind, das Beste für Sie zu geben. Das erfordert allerdings auch zwischendurch eine Pause. Unsere Mitarbeiter tanken gerade Kraft, um ab 13:00 Uhr wieder gestärkt ans Werk zu gehen. Wir freuen uns, Sie nach 13:00 Uhr wieder bedienen zu dürfen. Bis dahin, Ihr Installationsunternehmen XY.«

Ich habe bei besagtem Unternehmen nachgefragt, wie man denn auf diese spezielle Art der Abwesenheitsmeldung gekommen ist. Mir wurde gesagt, dass es aufgrund der verschiedenen Mittagspausen einzelner Mitarbeiter immer wieder zu fehlerhaften Auskünften und Wartezeiten für Kunden kam. Nun gehen alle gleichzeitig in die Mittagspause – was den Teamgeist stärkt und für eine ruhige Pause sorgt. Ab 13:00 Uhr kümmert man sich via Rufnummernerkennung darum, die Anrufer zu kontaktieren.

Achten Sie bitte auch penibel darauf, dass Abwesenheitsassistenten nur dann eingesetzt werden, wenn sie auch wirklich benötigt werden. Nicht selten läuft noch drei Tage nach dem Betriebsurlaub eine veraltete Nachricht. Oder aber die freundliche Stimme vom Band weist einen bereits um 16:45 Uhr darauf hin, dass die Betriebs- oder Bürozeiten um 17:00 Uhr enden. Hier ist der Kundenärger vorprogrammiert.

Kontrollfragen
- Verwenden Sie vorgefertigte Abwesenheitsassistenten?
- Wie gestalten Sie Ihre persönliche Mobilbox oder die des Unternehmens?
- Ist die Möglichkeit gegeben, auf humorvolle Art und Weise zu punkten?

Kompaktwissen
Humorvolle Texte oder Mobilboxansagen können ein Marketinginstrument sein.
Je persönlicher Abwesenheiten kommuniziert werden, desto besser.
Verzichten Sie auf 08/15-Versionen.

Service-Tipp 11: Kennen Kunden Ihren Service?

Ich durfte in den vergangenen Jahren mit Unternehmen unterschiedlichster Branchen an deren Service und Performance feilen. Eine markante Erkenntnis habe ich aus vielen Begegnungen gewonnen. In den meisten Firmen wird eine Unmenge an Serviceleistungen geboten – doch kein Kunde weiß davon.

Gerade neulich hat mir im Rahmen eines Workshops eine ganze Abteilung erklärt, was alles in Bewegung gesetzt wird, um Kunden nicht nur zufriedenzustellen, sondern zu begeistern. Die Frage ist jedoch: Wissen die Kunden davon?

93

Szenario

Als ich vor Kurzem in den Genuss kam, die Räder meines Wagens für den bevorstehenden Winter zu wechseln, rief ich in einer nahe gelegenen Autowerkstätte an, um eine Preisauskunft einzuholen. Die Fachwerkstätte unterbreitete mir ein kurz-knackiges, telefonisches Angebot der geschätzten Kosten. Dieses erschien mir hoch, weshalb ich mich dazu entschloss, ein Vergleichsangebot einzuholen. Werkstatt Nummer zwei informierte mich am Telefon freundlich darüber, dass sie den Wagen für den Wechsel der Räder circa 1,5 Stunden benötigen würde. In dieser Zeit würde bei meinem Wagen ein kleiner »Wintercheck« durchgeführt und Flüssigkeiten überprüft werden – man wolle schließlich, dass ich für die kalten Monate gut gerüstet sei. Bevor ich noch nach den Kosten fragen konnte, erklärte die freundliche Dame am Telefon, dass diese Zusatzleistung Service des Hauses sei und diese Leistung nicht extra abgerechnet werden würde. Auf meine Frage, ob ich die 1,5 Stunden in der Werkstatt verweilen dürfte, um am Laptop zu arbeiten, meinte die Dame: »Nicht nur das, Frau Schinnerl, wir haben auch einen ausgezeichneten Kaffee, den ich Ihnen dann gerne in unserem Kundenbereich serviere.« Spätestens da war für mich die Wahl der Werkstatt getroffen. Bezahlt habe ich übrigens in etwa dasselbe wie beim zuerst angefragten Unternehmen. Die Konkurrenz hat es einfach besser verstanden, mir als Kundin zu verdeutlichen, was ich für mein Geld an Serviceleistungen erhalte.

Um bei diesem Beispiel zu bleiben: Ich denke, auch die andere Werkstätte hätte einen guten Service geboten – sie hat einfach den Fehler gemacht, diesen nicht richtig zu kommunizieren. Und was der Kunde nicht weiß, kann er auch nicht schätzen!

94

Nicht immer findet aber eine Kommunikation mit dem Kunden vorab statt. Manchmal ist auch das Zeitkontingent, um den Kunden über alles Mögliche zu informieren, schlichtweg nicht vorhanden. Hier ist es ratsam, anderwärtig auf Services hinzuweisen.

Beim Besuch eines Drogeriemarktes mit Friseur- und Kosmetikstudio fiel mein Blick im Wartebereich kürzlich auf die an der Wand angebrachte Liste, auf der sämtliche Serviceleistungen des Kosmetiksalons vermerkt waren. Neben durchaus banalen Service-Leistungen, wie etwa die Möglichkeit zur bargeldlosen Zahlung oder der kostenfreie Parkplatz, standen noch andere auffallend tolle Serviceleistungen auf der Liste. Zum Beispiel der »Frei-bis-drei-Service« – also kostenfreies Haareschneiden für Kinder bis drei Jahre. Das Kosmetikstudio hat es, ebenso wie die oben erwähnte Autowerkstätte, verstanden, den Kunden die kleinen und großen Serviceleistungen bewusst zu machen. Und genau das sollte jedes Unternehmen tun.

Beziehen Sie dafür Ihre Mitarbeiter ein und suchen Sie gemeinsam nach banalen, gewöhnlichen Services, die Sie bereits jetzt bieten. Dann legen Sie eine Schippe drauf und listen zusätzlich noch all die extravaganten Dinge auf, die zwar für Sie selbstverständlich sind, der Kunde aber eventuell nicht automatisch weiß. Nun folgt der wichtigste Schritt: Sorgen Sie dafür, dass der Kunde diese Informationen auch erhält. Sprechen Sie die Services an und betonen Sie stolz: »Das gehört bei uns zum Service des Hauses.« Wenn Sie mit Ihrem Kunden nicht persönlich kommunizieren können, weil Sie vielleicht Waren verschicken, dann fertigen Sie einen schicken Beipackzettel an.

Was hält Sie davon ab, eine Tafel anfertigen und anbringen zu lassen, wo all die Leistungen sichtbar gemacht werden, in deren Genuss Ihre Kunden kommen, wenn Sie bei Ihnen kaufen, buchen oder sich beraten lassen. Also von A wie Allergie-Informationen in Restaurants bis hin zu Z wie

Zustellservice. All das können Sie wunderbar für sich verwenden. Vielleicht sogar in einer alphabetischen Auflistung. Der Kreativität sind hierbei keine Grenzen gesetzt.

Als kleinen Tipp am Rande empfehle ich gerne, die Serviceleistungen bei Verkaufs- und Beratungsgesprächen mit aufzunehmen und konkret anzusprechen. Oftmals ist eine Serviceleistung genau das »Tüpfelchen auf dem i«, das den potenziellen Käufer überzeugt.

Kontrollfragen

– Kennen Ihre Kunden Ihre Services?
– Sind sich Ihre Mitarbeiter dessen bewusst, welch ausgezeichneten Service Sie bieten?
– Welchen Service könnten Sie besser veranschaulichen und kommunizieren?

Kompaktwissen
Kommunizieren Sie auch einfache, banale Services. Geben Sie damit an.
Stechen Sie durch Auflistung und Bekanntgabe Ihrer Services den Mitbewerber aus.

Service-Tipp 12: Jeder hat einen Titel verdient

Wir Österreicher sind bekannt für unsere sogenannte »Titelwirtschaft«. Gerne versehen wir unsere Namen mit hochtrabenden akademischen Graden, die man bei der Ansprache bloß nicht vergessen sollte, was oftmals von anderen Ländern belächelt wird. Aber wenn man diese Thematik einmal aus einem anderen Blickwinkel betrachtet, kann man der Erwähnung dieser Titel durchaus Positives abgewinnen. Geht es doch immer um Stolz, der hier mitschwingt.

Vielleicht kennen Sie das Buch »The Big Five for Live« von John Strelecky. Der Autor beschäftigt sich in diesem Werk mit der Frage, was eine gute Führungspersönlichkeit ausmacht. Ohne hier Werbung machen zu wollen, möchte ich gerne einen Gedanken aus dem Buch mit Ihnen teilen. Die Passage, die mich besonders begeistert hat, handelt von der fleißigen und überaus engagierten Mitarbeiterin Josephine. Sie trägt die Verantwortung für den Empfangsbereich eines millionenschweren Unternehmens. Bezeichnet wird Josephine nicht etwa als Empfangsassistentin oder Rezeptionistin. Ihr Namensschild weist den Titel »Direktorin des ersten Eindrucks« auf. Genau das verdeutlicht in den Augen Ihres Arbeitgebers am deutlichsten, wofür die Mitarbeiterin im Unternehmen steht.

Beim Lesen wurde mir wieder einmal klar vor Augen geführt: Titel und Funktionsbezeichnungen haben weit mehr Bedeutung, als uns oft bewusst ist – für die Träger, aber auch als Symbol nach außen. Damit sind nicht nur akademische Grade gemeint, sondern auch Titel, die wir uns und unseren Mitarbeitern geben.

Ich habe früher im Rahmen meiner touristischen Ausbildung in vielen Bereichen der Gastronomie und Hotellerie gearbeitet. Dort ist es gang und gäbe, dass es einen »Chef de Rang« (Kellner der Abteilung), einen »Facility Manager« (Hausmeister) oder eben einen »Front Office Manager« (Rezeptionist) gibt.

Szenario

Als ich letztens mit einem Lehrling/Azubi ins Plaudern kam, erzählte er mir, wie sehr er sich auf das Ende seiner Lehrzeit freue. Die Begründung: Er dürfe dann end-

97

lich sein Namensschild mit dem Vermerk »Lehrling« ablegen und man würde ihn endlich als vollwertige Arbeitskraft wahrnehmen. Vielleicht hätte sich dieser Lehrling mit der Bezeichnung »Rising Star« oder »High Potential« wohler gefühlt? In Zeiten, wo viele Branchen mit Fachkräftemangel zu kämpfen haben, sollten wir uns bemühen, vor allem den jungen Nachwuchskräften mit Wertschätzung zu begegnen.

Ich persönlich bin immer wieder auf der Suche nach individuellen Funktionsbezeichnungen. In einem beliebten Ski- und Wellnesshotel habe ich beispielsweise die »Sauberfeen« entdeckt. Dieser Titel stand großflächig auf der Rückseite der Poloshirts, welche die Damen und Herren des Etagenservices trugen. Das größte Eventresort Europas beschäftigt schon lange keine »Hostessen« mehr, stattdessen nennen sich die jungen Damen »Gastgeberinnen« und ein bekannter österreichischer Getränkehersteller hat vor vielen Jahren die langweilige und plumpe Bezeichnung »Außendienstmitarbeiter« oder gar »ADM« in »Musketiere« verwandelt. Jeder, der einmal im Bereich des Außendienstes tätig war oder ist, weiß, dass man dort manchmal tatsächlich mit allen Waffen »kämpfen« muss, um Verkaufsabschlüsse zu erzielen. Eine solche Bezeichnung schafft das bisschen Mehr an Bewusstsein und Motivation, um beim Kunden »zu kämpfen«, wie die gleichnamigen Helden des Films.

Ich selbst darf immer wieder mit großartigen Menschen aus dem Bereich des Direktvertriebes arbeiten. Im vergangenen Jahr schenkte mir ein Unternehmen, welches sich mit Bastel- und Kreativwaren beschäftigt, das Vertrauen. Jede Führungskraft wählt den Namen des eigenen Teams selbst. So gibt es etwa die »Silber-Pfeile«, die »Libellen« und die »Perlen«. Sie selbst sind die »Elite Team Manager« und diesen Titel haben sie sich gehörig verdient. Ich bin immer noch ganz beeindruckt, mit welchem Eifer die (überwiegend) Damen ans Werk gehen.

Sie sehen also, dass man mit kleinen Änderungen und Akzenten große Wirkung erzielen kann. Seien Sie kreativ und überlegen Sie, welche Bezeichnung zu Ihren Teammitgliedern passen könnte. Meiner Erfahrung nach kommen die besten Ideen oft sogar von denjenigen, die mit ihrer eigenen Bezeichnung nicht allzu glücklich sind – immerhin wissen unsere Mitarbeiter ganz genau, wofür sie nach außen stehen wollen. Warum lassen wir sie also nicht proaktiv mitentscheiden? Ich schlage Ihnen vor, bei einer nächsten Zusammenkunft Ihr Team nach passenden und lustigen Ideen für die verschiedenen Aufgabenbezeichnungen zu befragen. Vielleicht klappt das noch besser, wenn Sie anonyme Vorschläge einsammeln und diese dann gemeinsam besprechen? Ich bin sicher, Ihre Mitarbeiter freuen sich darüber. Ganz nebenbei wird auch den Kunden vermittelt, dass in Ihrem Unternehmen wertvolle Mitarbeiter tätig sind, die die Wertschätzung erhalten, die sie verdienen.

Kontrollfragen
- Welche Titel tragen Ihre Mitarbeiter/Mitarbeiterinnen?
- Sind Ihre Mitarbeiter oder Teammitglieder mit der Titulierung zufrieden?
- Werden in Ihrem Team Titel mit Stolz getragen?

Kompaktwissen
Überarbeiten Sie die Titel Ihrer Mitarbeiter.
Machen Sie mit passenden Funktionsbezeichnungen die MitarbeiterInnen stolz.
Erarbeiten Sie gemeinsam mit Ihrem Team individuelle Bezeichnungen.

99

Service-Tipp 13: Co-Creation als Service-Boost

Wenn man sich mit Service-Qualität beschäftigt, stolpert man unweigerlich über den Begriff der »Co-Creation«. Bei diesem Ausdruck handelt es sich um einen Managementansatz, bei dem das Unternehmen seine Kunden miteinbezieht, um die möglichen Synergieeffekte, vor allem im Bereich der Innovation und Produktverbesserung, zu nutzen.

Immerhin wissen Kunden und Anwender meist nur zu gut, wie man ein Produkt oder eine Dienstleistung aus Kundensicht verbessern könnte, die wenigsten Konsumenten äußern ihre Meinung jedoch ungefragt. Kunden oder Anwender werden also dazu aufgefordert mitzugestalten. Grundvoraussetzung: Die Ideen müssen nachvollziehbar und einfach sein, zur Marke bzw. zum Unternehmen passen und in jedem Fall einen Vorteil verschaffen.

Im letzten Jahr durfte ich für ein Unternehmen arbeiten, das gerade mit der Abwicklung eines Co-Creations-Projektes zugange war. Das internationale Pharmaunternehmen stellt unter anderem Mittel für Krebstherapien her. Für die Erstellung und Aktualisierung der Anwendungsdokumente bzw. des Beipackzettels der Infusionen wurden Krankenschwestern hinzugezogen, die durch ihre tagtäglichen Erfahrungen einen sinnvollen und schlüssigen Input liefern konnten. Genau so kann Co-Creation funktionieren.

Ein weiteres Beispiel für Co-Creation ist der städtische Nahverkehr. Die Wiener Linien fordern Fahrgäste, die regelmäßig die »Öffis« nutzen, im sogenannten »Experience Lab« dazu auf, ihre Erfahrungen und Anregungen zu teilen und an Workshops teilzunehmen. Dabei werden gemeinsam Ideen zu Themen wie die Zukunft des Papier-Fahrplans, digitale Fahrpläne oder zeitgemäße Umgebungspläne erarbeitet. Als Gegenleistung werden die Teilnehmer mit einem ausgiebigen Buffet und einer prall gefüllten Goodie-Bag belohnt.

Ein weiteres Stichwort, mit dem man sich in Zusammenhang mit Co-Creation beschäftigen sollte, ist »Crowdsourcing«. Dabei nutzt man die Intelligenz, Kreativität und Arbeitskraft externer Dritter. Oftmals sind Kunden wahre Fans einer Marke und deshalb gerne bereit, im Rahmen von »Communities« fleißig mitzudiskutieren.

Bestimmt ist Ihnen »Ritter Sport« ein Begriff – vor allem, wenn Sie gerne Schokolade essen. Im Rahmen eines Crowdsourcing-Projektes forderte die bekannte Marke über ihren Blog auf, eine neue Sorte anzudenken. Gesucht wurden Ideen für eine ungewöhnliche und kreative Sorte, welche die Geschmacksnerven möglichst vieler Kunden treffen würde. Mehr als 900 Sorten und über 300 Verpackungsentwürfe wurden an »Ritter Sport« herangetragen. Die Gewinnerschokolade nennt sich übrigens »Cookies & Cream« und hatte alleine schon aufgrund des Wettbewerbs viele Fans. Auf der Verpackung wird die Geschichte der Entstehung erzählt, was wiederum ein kluges Marketingtool darstellte. Man kann also von einer durch und durch gelungenen Aktion sprechen.

Weitere erfolgreiche Unternehmen, die in der Vergangenheit Crowdsourcing-Projekte für sich genutzt haben, sind beispielsweise »Lego« mit »Lego Ideas« oder das bekannte Handelsunternehmen »JAKO-O«. Ein Klick auf deren Websites lohnt sich, wenn man Genaueres über deren Zusammenarbeit mit Kunden erfahren möchte.

Natürlich obliegt die Entscheidung über die Nutzung von Co-Creation der Führungsetage. Und doch kann jeder Abteilungsleiter und Mitarbeiter die »Grundidee« in Servicebelangen für sich nutzen. Wie? Mit wohlplatzierten Fragen!

Szenario

Berufsbedingt nächtige ich oft in Hotels – und so durfte ich im Rahmen einer gebuchten Vortragsreihe kürzlich in einem nagelneuen Wellnesshotel einchecken. Außergewöhnliche Architektur, beeindruckendes Design. Nicht nur die Hardware war top, auch die Software, also die Mitarbeiter, waren äußerst bemüht. Dennoch fielen mir Kleinigkeiten und Details auf, die – meiner Meinung nach – dem Betrieb durchaus helfen könnten, noch besser zu werden. Ich nahm mir fest vor, die Ideen bei der Abreise anzubringen. Leider verlief der Check-out etwas hektisch, vor allem aber kam keine Frage oder Aufforderung, meine Meinung kundzutun. Eine nachträgliche E-Mail zu verfassen, war mir ehrlicherweise zu mühsam.

Um Anregungen von Kunden zu erhalten, empfehle ich, direkt danach zu fragen. »Hat es Ihnen bei uns gefallen?« Und um noch konkretere Antworten zu erhalten: »Wir wären sehr dankbar, wenn Sie uns noch ein, zwei Verbesserungswünsche mitteilen könnten.«

Diese Frage steht übrigens allen Unternehmen zu. Nicht nur denen, die gerade einen Betrieb eröffnen. Auch Unternehmen, die bereits längere Zeit Kunden betreuen, haben es oft nötig, in Sachen Kundenbetreuung nachzubessern. Mit den Jahren schleichen sich oft negative Gewohnheiten ein, die man selbst nicht mehr wahrnimmt. Fragen Sie also proaktiv Ihre Kunden: »Darf ich Ihnen vielleicht ein, zwei Ideen abringen, die unsere Zusammenarbeit noch besser machen würden?« Glauben Sie mir, so erhalten Sie wertvolle Informationen aus erster Hand – und das sogar noch kostenfrei!

Im besten Falle übrigens erhalten Sie Lob und Anerkennung, indem Ihr Kunde Ihnen mitteilt, dass er voll und ganz zufrieden ist. Denn auch Lob teilen viele Kunden nicht ungefragt aus.

Kontrollfragen

- Dürfen Ihre Kunden mitgestalten?
- Fordern Sie Kunden dazu auf, Anregungen und Verbesserungsvorschläge zu äußern?
- Nutzen Sie Kundeninformationen, um ständig an sich oder den Produkten zu arbeiten?

Kompaktwissen

Fordern Sie Ihre Kunden auf, Verbesserungsvorschläge und Ideen zu liefern.
Binden Sie stets Ihre Kunden in Ihre Abläufe und Prozesse ein.
Unterschätzen Sie nicht das Innovationspotenzial Ihrer Kunden.

Service-Tipp 14: Das Beste kommt zum Schluss

Gehören Sie zu jenen Menschen, die wegen des Desserts auf den Hauptgang verzichten würden? Zugegeben, meine Geschmacksnerven finden Süßes leider nicht besonders prickelnd. Aber ich liebe den Gedanken, ein Essen mit etwas Besonderem zu beenden. Desserts sind meist kunstvoll gestaltet, sehen grandios aus, machen (den meisten Menschen) Freude und bilden eben das »Grande Finale«.

Oft frage ich mich, warum dieser perfekte Abschluss im Wirtschaftsleben nicht häufiger zelebriert wird wie ein Dessert im Restaurant.

Eine meiner Freundinnen feierte ihren runden Geburtstag mit einer großen Runde an Freunden, Bekannten und Verwandten in einer Location, mit der sie persönlich viele tolle Erlebnisse und Erinnerungen verbindet. Dass sich dieser Event zu Buche schlagen würde, war ihr bewusst und so genossen wir den Abend in vollen Zügen. Der Abschluss war jedoch alles andere als gelungen: Nur zwei Tage nach dem Event flatterte bei ihr die Rechnung ins Haus – im 08/15-Kuvert und ohne den Hauch einer persönlichen Note, welche sie sonst an dieser Location so schätzt. Wie heißt es so schön: Der letzte Eindruck bleibt. Sollte man nicht von jedem Unternehmen erwarten können, sich bis zum Schluss zu bemühen?

Mittlerweile gehört es zum guten Stil, sich bei den Gästen mit einem kleinen Präsent oder einer netten Aufmerksamkeit zu bedanken, anstatt lieblos die Rechnung über den Tresen zu schieben. In meinem letzten Urlaub in den Staaten wurde ich beispielsweise an der Kasse eines Schuhladens gefragt, ob ich denn ein Fläschchen Wasser mitnehmen wolle – es wäre schließlich recht warm und da solle man doch viel trinken. Ich nahm die »gebrandete« Flasche dankend an. Sie dürfen gerne raten, welcher Laden mir von dieser Einkaufstour am meisten in Erinnerung geblieben ist.

Ich selbst verschicke beispielsweise Rechnungen nach wie vor auf dem »altmodischen« Postweg. Auf der fein säuberlich ausgedruckten Rechnung vermerke ich mit Füllfeder ein handschriftliches »Vielen Dank für Ihre Treue« oder »Vielen Dank für Ihr Vertrauen«. Zusätzlich versehe ich eine »Complimentary Card« mit einer kurzen Grußbotschaft und stecke ein kleines Dankeschön mit ins Kuvert. In den kühlen Jahreszeiten wähle ich dafür gerne einen schokoladigen Gruß und in den warmen Jahreszeiten beispielsweise eine kleine Packung «Lachgummi« oder eben etwas Saisonales. Diese Art, Rechnungen zu verschicken, macht zwar etwas mehr Arbeit, wird aber immer sehr geschätzt. Wenn der Rechnungsbetrag besonders hoch ausfällt, lege ich gelegentlich gerne eine Packung scharfer Minzbonbons bei und weise in einer Karte humorvoll darauf hin, dass es wohl besser wäre, vor dem Öffnen der Rechnung noch einmal kräftig durchzuatmen.

Natürlich muss jetzt nicht jeder seine Rechnung per Post verschicken. Mir ist bewusst, dass in vielen Fällen eine per Mail versendete Rechnung deutlich mehr Sinn ergibt. Das sollte jedoch niemanden daran hindern, seinen Kunden zwischendurch einen analogen, eventuell »süßen Gruß« zu schicken. Wenn Sie kein Fan von Geschenken sind, dann empfehle ich alternativ, nach einem großen Auftrag oder Projekt zum Hörer zu greifen und sich in einem kurzen Telefonat von Herzen beim Auftraggeber zu bedanken. Auch das sorgt meiner Meinung nach für ein Grande Finale.

Neben dem WIE ist es in meinen Augen auch entscheidend, WANN eine Rechnung versendet wird. Unmittelbare Rechnungsstellung, wie zum Beispiel am nächsten Tag, erzeugt meist ein seltsames Gefühl beim Empfänger. Eine Faustregel besagt: Die Rechnung sollte erst frühestens eine Woche, allerdings höchstens zwei Wochen nach Erbringung der Dienstleistung an den Kunden gehen.

An dieser Stelle möchte ich Ihnen gerne von einem meiner geschätzten Kunden erzählen. Als Testballon wählte man einen Zeitraum aus, wo man proaktiv nach Zustellung der sperrigen Produkte, wie Waschmaschinen, Kühlschränke etc., nachfragte, ob denn alles zur Zufriedenheit der Kunden geliefert und installiert wurde. Die erst skeptischen Damen des Kundenservice, die mit dieser Aufgabe betraut waren, hatten durch die Bank unglaublich freundliche Telefonate. Meist gab es Lob und Anerkennung aufgrund der Nachsorge. Da die Aktion so hervorragend lief, bleibt man nun dabei und führt die Telefonate weiter. Ein toller Kundenservice mit Nachhaltigkeitsfaktor.

Lustigerweise denke ich bereits während des Schreibens an die guten alten China-Restaurants. Erinnern Sie sich daran? Am Ende wird uns meist der unglaublich süße Pflaumenwein kredenzt. Dass ich persönlich Süßes nicht allzu gerne mag, wissen Sie bereits. Aus Scham allerdings getraue ich mich meist nicht abzulehnen, weil es dennoch eine nette Geste ist, und über den Glückskeks am Tablett freue ich mich ebenso. Die netten Sprüche, die man sich am Schluss gegenseitig vorliest, haben durchaus ihren Reiz. Ein netter Abschluss ist das in jedem Fall und wieder einmal frage ich mich, warum nicht mehr Unternehmen ein schönes Finale auswählen, um möglichst viele Punkte beim Kunden zu sammeln.

Bestimmt kennen Sie den Spruch: Der erste Eindruck zählt und der letzte ist das, was bleibt. Genau so muss man das sehen. Immerhin geht es auch um die wertvolle Weiterempfehlung.

Kontrollfragen
- Wie verschicken Sie Rechnungen? Und wählen Sie den Versandzeitraum mit Bedacht?
- Erzeugen Sie und Ihre Mitarbeiter einen guten letzten Eindruck?
- Welchen »süßen« Abschluss kredenzen Sie Ihren Kunden?

Kompaktwissen
Machen Sie den Versand von Rechnungen zu etwas Besonderem.
Der optimale Zeitraum einer Rechnungsstellung liegt zwischen dem achten und dem vierzehnten Tag nach der Leistungserbringung.
Punkten Sie mit Zugaben oder netten Gesten.

Service-Tipp 15: Fehler kehrt man nicht unter den Teppich!

Wann ist Ihnen zuletzt ein richtig blöder Fehler unterlaufen? Oder besser gefragt: Wie sind Sie damit umgegangen? An dieser Stelle möchte ich eine Anekdote aus meinem Privatleben mit Ihnen teilen. Meine Tochter rief mich kürzlich völlig verzweifelt an und beichtete mir, ihre Geldbörse verloren zu haben. Sie war zweifelsohne aufgelöst und beteuerte, »wirklich gut achtgegeben zu haben«. Ich tröstete sie – wohl wissend, dass sich der entstandene Schaden in Grenzen hielt. Vor allem aber lobte ich sie dafür, ihren Fehler offen angesprochen zu haben. Dieser Fauxpas veranlasste mich, darüber nachzudenken, inwiefern wir als Erwachsene mit kleinen Pleiten, Pech und Pannen, vor allem aber auch mit gröberen Fehlern, umgehen. Gerade im Berufsleben hindern uns die Scham und die Angst vor Konsequenzen oftmals daran, Dinge offen anzusprechen. Häufig handeln wir nach der Unter-den-Teppich-kehren-Strategie. Soll heißen: Wir geben alles, um unsere kleinen und manchmal auch größeren Missgeschicke nicht auffliegen zu lassen.

Warum verhalten wir uns so? Wäre es nicht besser, offen mit Fehlern umzugehen und so mit gutem Beispiel für Kollegen und Mitarbeiter voranzugehen?

Szenario

Klaus Kobjoll, ein geschätzter Kollege, geht in diesem Punkt mit bestem Beispiel voran. In seinem familiengeführten Seminarhotel im Nürnberger Raum wird statt einem »Mitarbeiter des Monats« der »Fehlerträger des Monats« gewählt. Wem auch immer eine zu verbessernde Sache passiert, der darf sich selbst für diese Auszeichnung vorschlagen. Selbstverständlich können auch Kollegen jederzeit nominiert werden. Dem Gewinner wird schließlich vor versammelter Mannschaft dazu gratuliert, den Fauxpas offen angesprochen zu haben. Meist erzählen in diesem Zusammenhang Kollegen von ähnlichen Erlebnissen und man tauscht sich darüber aus, wie Fehler fortan vermieden werden können.

Auch in der Wirtschaft sind sogenannte »Fuckup-Stories« mittlerweile kein Tabuthema mehr. Selbst wenn mir der fürchterliche Name nicht gefällt, kann ich diesen »Stories« viel abgewinnen. Bei speziellen Kongressen erzählen Menschen Geschichten über ihr Scheitern und helfen mit ihren Erfahrungen anderen, ähnliche Fehler zu vermeiden. 2014 fand die erste »Fuckup-Night« in Wien statt. Mittlerweile erfreut sich diese Veranstaltungsreihe absoluter Beliebtheit in mehr als 80 Städten. Wie heißt es so schön: Irren ist menschlich. Wichtig ist nur, seine Lehren daraus zu ziehen.

Fehler sollten jedoch nicht nur im Unternehmen offen kommuniziert werden, sondern auch in Kundenbegegnungen. Immer wieder stelle ich fest, dass in diesem Bereich Handlungsbedarf besteht. Terminkollisionen, Fristenversäumnisse, Irrtümer und dergleichen. – Wo Menschen arbeiten, passieren Fehler.

Was hält uns also davon ab, offen und ehrlich Fehler anzusprechen? Warum beteuern wir nicht, dass es uns leidtut und wir unser Möglichstes versuchen, um unseren Fehler auszumerzen? Eine offene und ehrliche Entschuldigung kann Wunder bewirken.

Eine Führungskraft im Lebensmittelbereich erzählte mir neulich, dass sie zu einem aufbrausenden Kunden, der unbedingt ein ausverkauftes Produkt haben wollte, mit der folgenden Antwort den Spieß umdrehen konnte: »Entschuldigen Sie vielmals. Glauben Sie mir, ich würde Ihnen das Produkt sehr gerne verkaufen. Leider habe ICH aber von diesem Produkt zu wenige Einheiten bestellt, das tut mir

108

leid.« Die Antwort des beschwichtigten Kunden überraschte sogar die Führungskraft: »Ach so, na ja, das kann ja auch mal vorkommen. Ist schon in Ordnung!«

Meine Tochter hat übrigens ihre verlorene Geldbörse wiedergefunden. Sie achtet seither akribisch darauf, die Brieftasche immer gut im Auge zu behalten. Aus eigenen Fehlern lernt man schließlich am meisten – und wenn man offen darüber spricht, vielleicht sogar auch jemand anderer.

Kontrollfragen

– Dürfen Ihre Mitarbeiter Fehler machen und diese zugeben?
– Werden in Ihrem Unternehmen Fehler unter den Teppich gekehrt?
– Wäre der Wettbewerb »Fehlerträger des Monats« etwas für Ihr Unternehmen?

Kompaktwissen

Fehler gehören nicht unter den Teppich gekehrt, sondern offen und ehrlich angesprochen.

Mit einem offenen Zugang vermeidet man, denselben Fehler mehrmals zu machen.

Leben Sie eine offene Fehlerkultur.

Eine offene und ehrliche Entschuldigung kann Wunder bewirken.

Service-Tipp 16: Kunden verdienen Konfetti-Momente

Es ist garantiert kein Zufall, dass dieses Kapitel nur wenige Tage nach dem Jahreswechsel entstanden ist. Immerhin ist die Macht der Inszenierung zu keiner anderen Zeit im Jahr so präsent wie an den Tagen rund um das Weihnachtsfest. Jetzt, wo die pompöse Dekoration aus den Läden verschwunden und die Weihnachtsbeleuchtung abgebaut ist, stellt sich mir die Frage: Warum braucht es immer einen besonderen Anlass, um Kunden mit außergewöhnlichen Aktionen, wunderschöner Dekoration und abgestimmten Angeboten zu überraschen? Hat es nicht deutlich mehr Wert, die Kunden im Alltag mit speziellen Aufmerksamkeiten zu überraschen?

Die wahren Meister der Inszenierung sind für mich die Amerikaner – und das nicht nur an Weihnachten. Jeder, der beispielsweise schon einmal in einem der großen Entertainmentparks zu Besuch war, wird wissen, wovon ich spreche. Hier werden sämtliche Hebel in Bewegung gesetzt, um den Gästen einen unvergesslichen Tag zu bereiten. So werden beispielsweise Kinder mit dem Button »First Visitor« ausgestattet, um die Parkmitarbeiter daran zu erinnern, ein besonderes Augenmerk auf die jungen Besucher zu legen. Jeder Mitarbeiter, ob Führungs- oder Reinigungskraft, geht mit offenen Augen durch den Park und bietet proaktiv seine Hilfe an. So trägt jeder seinen Teil dazu bei, dass Besucher binnen kürzester Zeit die exorbitanten Eintrittspreise vergessen haben und den Park mit strahlenden Gesichtern verlassen.

Ein weiteres Beispiel in Sachen Inszenierung sind für mich Hochzeiten. Es fasziniert mich immer wieder aufs Neue, wie viel kreative Ideen und unzählige Möglichkeiten geboten werden, um Brautpaare und Hochzeitsgäste zu verzaubern und ihnen einen unvergesslichen Tag zu bescheren. Schon im Vorfeld wird alles minutiös geplant und selten etwas dem Zufall überlassen. Das Resultat: Feste der Extraklasse.

Szenario

Im Rahmen unseres Umbauprojektes setzten wir uns unter anderem mit der Gestaltung unseres neuen Badezimmers auseinander und vereinbarten einen Termin in einem Bäderstudio. Die Planerin vor Ort notierte bei einem Erstgespräch all unsere Wünsche und nach etwa zwei Wochen erhielt ich einen Anruf, bei dem wir gebeten wurden, uns für die Entwurfspräsentation eine Stunde Zeit zu nehmen. Ich erinnere mich noch zu gut an meine Gedanken von damals: Eine ganze Stunde? Um einen Vorschlag und die Kosten zu besprechen? Im Nachhinein kann ich Ihnen sagen, dass diese Stunde dem Bäderstudio den Auftrag gesichert hat. Ich wurde an einen Besprechungstisch gebeten, an dem eine aufgestellte Schiefertafel mit der Aufschrift »Herzlich willkommen, Frau Schinnerl« auf mich wartete. Uns wurde selbstverständlich ein Cappuccino serviert, genau in der Art und Weise (nur Milch, kein Zucker), wie wir diesen auch beim Erstgespräch genossen haben. Die Präsentationsmappe trug den Titel »Masterbad Familie Schinnerl« und war voll und ganz auf unsere Wünsche abgestimmt.

Inszenierung bedeutet für mich, Konfetti über alltägliche Kundenbegegnungen zu streuen. Natürlich ist das nicht immer möglich oder auch notwendig. Vielmehr geht es darum, Überraschungsmomente für sich zu nutzen. An dieser Stelle würde ich den Ball gerne Ihnen zuspielen. Wie sieht denn Ihr Konfetti aus? Denken Sie an die Übergabe oder den Versand von Produkten. Ist die Vorgehensweise »hübsch« genug oder könnte man noch ein wenig nachpolieren?

Sorgen Sie für den »perfekten« Rahmen, wie es Hochzeitspaare für Ihre Gäste tun? Denken Sie an die gemütliche Musik? Sind Ihre Loungemöbel in den Besprechungsräumen noch schick genug und vor allem auch gemütlich? Gibt es eventuell einen frischen Blumenstrauß im Empfangsbereich, der die Liebe zum Detail sichtbar macht? Reservieren Sie Parkplätze für Besucher und stellen Sie dort ein Schild auf, um Kunden zu beeindrucken? Gibt es ein Herzlich-willkommen-Schild für Ihre Kunden? Begrüßen Ihre Empfangsdamen und -herren Kunden mit Namen?

Ich könnte an dieser Stelle noch unzählige Geschichten auspacken und Ideen liefern. Wie so oft möchte ich Sie aber auch hier in erster Linie dazu auffordern, Ihre eigenen Inszenierungsideen zu entwickeln, damit Ihr persönliches Unternehmenskonfetti bunt, lustig und abwechslungsreich verstreut werden kann. Am besten immer dann, wenn der Kunde gar nicht damit rechnet.

Kontrollfragen

– Wann haben Sie Kunden zuletzt mit besonderen Inszenierungen überrascht?
– Bieten Sie Kunden und Gästen einen besonderen Rahmen?
– Wie könnten Sie für außergewöhnliche Konfetti-Momente sorgen?

Kompaktwissen
Inszenierungen machen Kundenbegegnungen zu etwas Besonderem.
Sorgen Sie in jeder Hinsicht für einen speziellen, außergewöhnlichen Rahmen, der Ihre Unternehmensphilosophie unterstreicht.
Nutzen Sie den Überraschungseffekt für sich.
Hübschen Sie Dinge und Abläufe auf – Ihr Kunde weiß es bestimmt zu schätzen.

Service-Tipp 17: Die Problemvernichtungsgarantie

»Ihre Probleme möchten wir haben!« Mit diesem Slogan wirbt ein österreichisches Versicherungsinstitut für sich. Ich persönlich finde diese Werbebotschaft großartig. In der Service-Welt kommt man einfach nicht umhin, sich mit den Problemen und Sorgen der Kunden zu beschäftigen. Ich leite meine Seminarteilnehmer immer wieder dazu an, sich Gedanken über folgende Frage zu machen: Welche Probleme und Sorgen können wir für den Kunden lösen?

Ist es ein fehlendes Ladegerät, um den Handy-Akku aufzuladen? Eine Kopfschmerztablette, die ich für den Notfall parat halte? Ist es das Angebot, die Nudelsuppe »ohne Grün« zu servieren, damit Kinder nicht die Nase rümpfen? Oder einfach die gnadenlose Hilfsbereitschaft, wie sie beispielsweise von Österreichs »gelben Engeln« – so nennt der Pannendienst ÖAMTC seine Mitarbeiter – gelebt wird. Die wahren Helden des Tages sind jene Menschen, die akribisch für deren Kunden gegen Pleiten, Pech, und Pannen ankämpfen und oftmals schon die Lösung parat haben, bevor das Problem entsteht.

Szenario

Ich erinnere mich an ein Training für engagierte Versicherungsagenten. Wir haben uns zwei Tage lang mit der Thematik »Marke ICH – der Mensch als Service-Persönlichkeit« beschäftigt. Eine der Übungen war die Ausarbeitung eines Elevator-Pitches – also einer souveränen und sympathischen Kurzvorstellung von sich und seinem Kompetenzbereich. Ich habe meinen Teilnehmern nahegelegt, unbedingt deren USP, also das Alleinstellungsmerkmal, herauszuarbeiten, welches sie von anderen Beratern unterscheidet. Derjenige, der nicht nur mir, sondern auch seinen Kollegen am meisten in Erinnerung blieb, war Walter D. Er wies auf seine legendäre »Problemvernichtungsgarantie« hin, die er mit ein, zwei Beispielen untermauerte. Der authentische und überaus charmante Walter ist mittlerweile im wohlverdienten Ruhestand, aber dennoch bekannt für seine von ihm entwickelte Theorie, die ihm einst zu vielen treuen Kunden verhalf.

Nun stellt sich die Frage: Haben wir auch so eine Garantie auf Lager? Machen wir uns die Probleme der Kunden zur Aufgabe, um sie glücklich zu machen? Ich verwende in diesem Zusammenhang ganz bewusst das Wort »glücklich«, weil Ausnahmesituationen, die wunderbar gelöst werden, dem Kunden oft jahrzehntelang in Erinnerung bleiben. Solche Situationen speichern wir im Unterbewusstsein ab. – Übrigens leider auch die negativ gelösten.

Natürlich kann man nicht jedes Problem kommen sehen und man hat auch nicht für jede knifflige Situation sofort eine Lösung parat. Was zählt, ist vor allem der Wille. Wenn man mit viel Gespür ans Werk geht und sein Möglichstes versucht, um demjenigen, der in der Klemme steckt, zu helfen, ist das oft Gold wert.

Ich rate meinen Kunden stets, ein kleines Notfallbudget

für kleine Besorgungen parat zu haben, um das Helfen in der Not einfacher zu machen. So kann Vergessenes eventuell spontan besorgt werden, Zerbrochenes ersetzt oder eine kleine Aufheiterung spendiert werden.

Wer vorausschauend denkt und Hilfestellung bietet, kann nicht nur seine Kunden glücklich machen, sondern auch Profit daraus ziehen. Ein Blumenladen hat sich beispielsweise als Problemlöser einen Namen gemacht. Häufig kamen – vorwiegend Herren – gestresste Kunden in den Laden, um »last-minute« einen Blumenstrauß für den beinahe vergessenen Hochzeitstag, Valentinstag oder Geburtstag zu besorgen. Dieses Muster wiederholte sich, bis ein gefinkelter Mitarbeiter die Chance erkannte. Die Kunden wurden gefragt, ob man sie beim nächsten Hochzeitstag daran erinnern dürfte, um all den Stress zu vermeiden. Fortan wurden die Kunden vorab über bevorstehende Jubiläen informiert und gleichzeitig eine abwechslungsreiche Empfehlung an Angeboten offeriert (Hochzeitstag, Kennenlerntag, Geburtstag etc.). Die Problemlöse-Methode führte so letztlich zu mehr Umsatz.

Ich bin mir sicher, dass sie die bekannten Start-up-Shows »Die Höhle der Löwen«, »2 Minuten, 2 Millionen« oder etwa die amerikanische Version »Shark Tank« kennen.

In erster Linie geht es darum, sich und das Produkt dementsprechend souverän zu präsentieren, damit man die Investoren überzeugt. Was mir in vielen Sendungen bewusst wurde, ist, dass auch hier die sogenannten »Problemlöser« jene Produkte sind, die die besten Erfolgsaussichten mit sich bringen.

Was sollten uns also all diese Beispiele zeigen? Lassen Sie uns nicht in Problemen denken, sondern in Lösungen! Damit machen Sie es den Kunden um einiges leichter.

Kontrollfragen

- Welche Probleme könnten Ihre Kunden haben?
- Beschäftigen Sie sich innerbetrieblich mit Kundenproblemen?
- Begegnet man Kundenproblemen mit Lösungsvorschlägen?

Kompaktwissen

Halten Sie ein kleines »Problembudget« bereit, um schnell reagieren zu können.

Nutzen Sie klassische Kundenprobleme für sich und schlagen Sie daraus Profit.

Thematisieren Sie diese Denkweise auch bei Ihrem Team.

Service-Tipp 18: Der Null-Euro-Tipp

Immer wieder höre ich von Kunden folgende Aussage: »Na ja, Service wäre schon toll, aber die Kosten! Das können wir uns einfach nicht leisten, das ganze Rundherum, das Chichi kostet doch so viel Geld.«

Für mich aber ist eines klar: Richtig guter Service muss keinesfalls etwas kosten. Am besten sind immer noch die kleinen Dinge, die Kunden Freude bereiten, aber für das Unternehmen völlig kostenlos sind. Ich habe mittlerweile sogar einen passenden Ausdruck dafür: der Null-Euro-Tipp!

Diese Titulierung ist mir eingefallen, als mir mein Mann von einer Zusatzleistung erzählte, die er oftmals für sein eigenes Unternehmen verwendet. Er erzählte mir von einer Kundin, die sich in ihrer Trainerstunde anfangs schwertat, das vom Trainer Erklärte umzusetzen. Am Ende der Trainerstunde war die Kundin sehr zufrieden und versprach, die

Übungen bis zum nächsten Termin regelmäßig durchzuführen. Auf dem Nachhauseweg, als mein Mann das Tagesgeschehen Revue passieren ließ, fiel ihm spontan eine weitere Übung ein, die seiner Kundin weiterhelfen könnte. Kurzum griff er zum Hörer und instruierte seine Kundin telefonisch. Die Dame war zuerst ganz perplex, freute sich aber über den kostenlosen Tipp »nach Feierabend«. Wir können tagtäglich mit solchen Tipps aufwarten.

Szenario

Vor etlichen Jahren kam ich in den Genuss, mir endlich eine richtig schöne Tasche kaufen zu können. Es handelte sich dabei um diesen Typ Tasche, den man nicht im Vorbeigehen shoppt. Ich ging also mit dem Vorhaben, mir eine schwarze, zeitlose Clutch auszusuchen, in einen Markenladen. Die ersten gezeigten Modelle gefielen mir überhaupt nicht, das Emblem der Marke war für meinen Geschmack darauf viel zu präsent. Plötzlich kam die engagierte Verkäuferin mit einer Tasche um die Ecke, die mir auf Anhieb gefiel – wenngleich es überhaupt nicht meinem Wunschbild entsprach. Das Modell hatte einen sehr markanten kurzen Trageriemen und ich war mir nicht gleich sicher, ob ich zuschlagen sollte. Ich drehte mich mit der Tasche vor dem Spiegel hin und her und konnte mich einfach nicht entscheiden. Nach einer Weile kam die Verkäuferin zu mir und führte mir vor, dass man durch das Umwickeln eines Tuches an dem Trageriemen die Optik der Tasche noch mal völlig verändern könne. Obwohl dieser Laden die teuren Seidentücher verkauft, lag das Interesse der Verkäuferin nicht im Zusatzverkauf. Sie wollte mir vielmehr alle Möglichkeiten aufzeigen und meinte: »Ich bin mir sicher, dass Sie solche Tücher zu Hause haben.« Ob sie es mir glauben oder nicht – mit diesem

»Verwandlungstrick« hat sie mich überzeugt. Sie lieferte mir ein Verkaufsargument, das mich kurzerhand überzeugte. Nachdem ich die Tasche nun schon seit mehreren Jahren mit viel Stolz trage, muss ich dennoch gestehen, den Tuchtrick noch nie umgesetzt zu haben. Aber ich weiß, dass ich es machen könnte.

Solche Null-Euro-Tipps kann tatsächlich jedes Unternehmen liefern. Der Elektronikfachhandel kann wunderbar auf Zusatzfunktionen der Produkte hinweisen, Floristen können anmerken, wie Schnittblumen noch länger in der Vase halten, Friseure und Visagisten können tolle Stylingtipps geben, die Apotheke kann bei ihren Kunden zum Beispiel punkten, indem sie mit Hausmitteln als Zusatz für eine schnellere Genesung aufwartet. Manchmal ist es auch ein Buchtipp oder der Hinweis auf einen tollen Blog oder Podcast, wo man sich kostenfrei Content holen kann. Neulich war ich dankbar dafür, dass mich die Kassendame darauf hinwies, dass das zweite Päckchen Schwarzbeeren kostenfrei wäre und dass ich mir gerne noch eines holen könne.

Manchmal ist es auch fruchtend, wenn man die Leistungen eines anderen anbietet, weil man selbst den Wunsch des Kunden nicht erfüllen kann. Meine Freundin war auf der Suche nach einer »Fahrradglocke« als Geburtstagsgeschenk. Sie war sich sicher, eine witzige Variante in einem bestimmten Geschenkladen gesehen zu haben. Leider teilte ihr die Verkäuferin mit, dass dieses Modell bereits ausverkauft sei. »Aber«, meinte die Dame, »im Laden da vorne, da führen die ebenfalls die gesuchte Marke.« Der Wunschartikel wurde bei der Konkurrenz gekauft, für den Kauf der Geschenkkarte ist meine Freundin aber ganz bewusst in den ersten Laden zurückgekehrt.

Ebenso erging es uns, als wir unseren lokalen Spielzeugladen des Vertrauens aufsuchten, um ein gewünschtes Playmobilset für einen Kindergeburtstag zu besorgen. Da genau dieses Set ausverkauft war, gab uns die Verkäuferin den Tipp, doch im nächsten Ort beim Mitbewerber unser Glück zu versuchen. Diesen nahmen wir dankend an und das Geschenk war schnell besorgt. Ein weiterer Grund, warum wir unseren Lieblingsladen so schätzen.

Kunden speichern solche Tipps positiv ab und ordnen diese dem Ideengeber zu.

Kontrollfragen

- Beschenken Sie Ihre Kunden mit einem kostenfreien Mehrwert?
- Achten Ihre Mitarbeiter und Sie selbst drauf, auch Tipps »am Rande« zu geben?
- Haben Sie sich schon einmal Gedanken gemacht, welche Null-Euro-Tipps Sie auf Lager haben?

Natürlich ist auch hier die Art und Weise relevant, wie man solche Tipps an den Kunden bringt. Die sprachlichen Geschicke sollten hier nicht außer Acht gelassen werden. Ich empfehle Ihnen, folgende Satzbausteine zu verwenden:

»Was ich Ihnen zusätzlich raten …«

»Ein Tipp am Rande, extra für Sie …«

»Darüber hinaus können Sie noch Folgendes probieren …«

»Was ich Ihnen noch ans Herz legen möchte …«

»Viele meiner Kunden haben tolle Erfahrungen mit … probieren Sie es doch mal aus!«

Wie Sie sehen – auch bei den Null-Euro-Tipps macht der Ton die Musik. Jedes Mal, wenn ich selbst in den Genuss komme, einen solchen Tipp abzustauben, freue ich mich riesig darüber. Gerade letztens in einem Entertainmentpark in den USA hat mir ein Parkmitarbeiter den Tipp gegeben, gleich mit einer bestimmten Attraktion zu starten, da am

Nachmittag die Warteschlange meist riesig sei. Ein Tipp, der nichts kostete, uns aber als Familie Zeit sparte und uns sehr freute.

Kompaktwissen
Null-Euro-Tipps sind jene Hinweise, die den Kunden nichts kosten, ihm jedoch viel bringen.
Jedes Unternehmen kann solche Tipps parat haben.
Die Art und Weise, wie wir diese Tipps anbringen, ist relevant.

Service-Tipp 19: Mit Fingerspitzengefühl punkten

Ja, es gibt sie. Menschen, die mit so viel Fingerspitzengefühl ausgestattet sind, dass einen der Neid fressen könnte. In jeder (Not-)Situation einfühlsam stets das richtige Mittelchen parat zu haben, ist wahrlich eine Kunst. Fingerspitzengefühl ist für mich ein Ausdruck von besonderer Empathiefähigkeit.

Oftmals werde ich in meinen Seminaren gefragt, ob man dieses Fingerspitzengefühl lernen kann. Gott sei Dank kann ich das mit einem klaren »Ja« beantworten. Wenngleich es nicht leicht ist und gewisse Leitplanken benötigt.

Bevor ich Ihnen eine hervorragende Theorie zur Umsetzung präsentieren darf, möchte ich Ihnen von einer – für mich sehr besonderen – empathischen Situation berichten.

Szenario
Unsere Tochter war damals vier Jahre alt. Als ich ihr mitteilte, dass der nächste Zahnarztbesuch bevorsteht, schaute sie mich mit großen Augen an und teilte mir

mit, dass sie dieses Mal den Mund sicherlich nicht öffnen werde. Andere Kinder hatten ihr Schauermärchen über Zahnarztbesuche erzählt und diese haben einen bleibenden Eindruck hinterlassen. Für uns als Eltern war das eine echte Herausforderung. Mein Mann kannte zum Glück einen äußerst sympathischen und kompetenten Zahnarzt und so vereinbarte ich dort einen sogenannten »Familientermin«. In meiner Not fragte ich ganz höflich am Telefon, ob man denn Erfahrung mit Kindern habe, die so gar nicht den Mund öffnen wollen. Die freundliche Telefonstimme meinte, dass das schon des Öfteren vorgekommen sei und man sich zu helfen wisse. Das beruhigte mich immens. Als wir am Tag des Termins die Praxis betraten, kam die Vorzimmerdame um ihr Pult herum, kniete sich vor unserer Tochter nieder und meinte: »Hallo, liebe Sally! Meine Güte, ich bin sooooo froh, dass du endlich da bist. Du wirst es nicht glauben, aber uns ist hier beim Zahnarzt etwas ganz Dummes passiert. Sag mal, kennst du die Zahnfee?« Meine Tochter nickte. »Also, die Zahnfee war heute Nacht bei uns und stell dir vor, sie hat leider Gottes die Schublade mit den Spielsachen für die braven Kinder zugezaubert. Und nur ein Kind kann diese mit einem guten Zauberspruch wieder öffnen«, fuhr sie fort. »Das heißt, ich brauche dringend deine Hilfe!« Unsere Tochter hatte also gar keine Zeit, um an die Schauermärchen zu denken. Im Behandlungsraum wurde unserer Tochter von der Zahnarztassistentin gezeigt, wie sie mit der Munddusche den Zahnarzt anspritzen könne, wenn er zur Tür reinkommt. Vor lauter Ablenkung hat sie gedankenverloren den Mund geöffnet und wir waren ratzfatz fertig. Wieder im Vorzimmer angelangt, wurde die Schublade mit dem einfachen Zauberspruch »Abrakadabra, die Schublade soll bitte aufgehen«« geöffnet. Als Dankeschön durfte sich unser Kind gleich zwei kleine

Geschenke aussuchen. Eine kleine Probe Kinderzahnpasta gab es oben drauf, mit der Bitte, rasch wiederzukommen, da das junge Fräulein dem Praxisteam eventuell bald wieder aus der Patsche helfen müsse.

Für mich ist diese Geschichte unglaublich passend, um zu erklären, wie entscheidend Fingerspitzengefühl im Kundenservice ist.

Meine sehr geschätzte Fachkollegin Sabine Hübner hat sich über viele Jahre mit der Thematik Empathie beschäftigt und damit, was so alles dazugehört, um richtig abzuliefern. Auch sie ist überzeugt davon, dass es möglich ist, Empathie zu trainieren. Was es dazu braucht?

1. Konzentration
2. Wahrnehmung
3. Kreativität
4. Mut

Die Konzentration beginnt da, wo die Situation entsteht. In meinem Beispiel ist das die Sequenz, in der die engagierte Vorzimmerdame den Fokus auf das Kind legt, um den Tresen zischt und sich vor der jungen Dame niederkniet, um ihre Aufmerksamkeit ganzheitlich zu erlangen.

Die Wahrnehmung zeigt auf, dass sich die Vorzimmerdame gefragt hat: Was ist genau jetzt in dieser Situation wichtig? Worum und vor allem um wen geht es konkret? In einer nächsten Sequenz der Geschichte kommt die Zahnfee ins Spiel. Mit einer guten Portion Kreativität wird das Kind abgelenkt. Sie merken gerade selbst, dass es hier tatsächlich eine Menge Ideen verträgt. Solange es zum Wohle des Kunden ist, ist vieles möglich.

Zu guter Letzt braucht es Mut. Mutiges Handeln in Situationen, die vielleicht nicht einfach sind. Eventuell bedarf es hier sogar einer »klitzekleinen« Missachtung von Vorgaben. Die Frage »Darf ich das überhaupt?« sollte erst gar nicht im

Raum stehen. Vielmehr braucht es den Willen, für den Kunden bedingungslos da zu sein, um die Situation zu retten, ein Helfer in der Not zu sein oder einfach für den Kunden einzustehen. Glauben Sie mir, wenn Sie zum Wohle des Kunden etwas Ungewöhnliches in Angriff genommen haben, dann hat sich das noch immer gelohnt. Und ich kenne wenige Vorgesetzte, die einen Mitarbeiter danach maßregeln. Hierbei muss man aber erkennen, wo es mutiges Handeln braucht, und vor allem, wo es kundenseitig auch geschätzt wird.

Was aber in dem Zusammenhang unbedingt festgehalten werden sollte, ist die Tatsache, dass man Empathie oft mit vielen Begriffen vermischt, beispielsweise mit Mitgefühl, Einfühlungsvermögen oder sogar Mitleid. Vor allem bei Letzterem muss man vorsichtig sein. Sabine Hübner bringt es auf den Punkt: Wer empathisch ist, der kann zwar Mitgefühl zeigen, muss aber nicht gleich in Mitleid zerfließen.

Die hohe Kunst des Fingerspitzengefühls besteht darin, sich jeweils mit der vorhandenen Situation so bewusst wie möglich auseinanderzusetzen, den »Einfühlungszustand« aber auch bewusst wieder zu verlassen, um die nötige Distanz zu wahren. Das ist professionell.

Für mich ist zudem das Einfühlen in die verschiedenen Zielgruppen essenziell. Immerhin begegnen uns die unterschiedlichsten Kunden über den Tag verteilt. Ältere Personen haben ganz andere Anliegen als eine junge Managerin oder der Papa mit dem Sohnemann. Achten Sie stets auf die individuellen Bedürfnisse der Kunden.

Kontrollfragen
- Wie gehen Sie mit Situationen um, die Fingerspitzengefühl benötigen?
- Beweisen Sie ab und an auch mutiges Handeln?
- Wann haben Sie letztens eine Fingerspitzengefühlssituation gemeistert?

Kompaktwissen
Fingerspitzengefühl wird hauptsächlich in speziellen Situationen benötigt.
Empathie kann man lernen.
Achten Sie auf die folgende Abfolge: Konzentration, Wahrnehmung, Kreativität und Mut.

Service-Tipp 20: Kleider machen Leute

Blickt man viele Jahre zurück, so war die Kleidung einst dazu da, um uns vor Kälte oder Hitze zu schützen. Im Laufe der Zeit wurde diese jedoch mehr und mehr zu einem ausdrucksstarken Mittel, welches die Persönlichkeit unterstreicht.

Wir erzielen durch unsere Kleidung eine unglaubliche Wirkung bei anderen Menschen. (Berufliche) Kleidung kann die Marke der jeweiligen Person, aber auch die des Unternehmens beeinflussen. Positiv wie negativ, versteht sich.

Szenario

Neulich am Flughafen beobachtete ich eine Flug-Crew, die stolz und adrett Richtung Gate unterwegs war. Ausnahmslos waren alle wie aus dem Ei gepellt. Dieser Auftritt hatte eine unglaubliche Wirkung auf mich und, den Blicken nach zu urteilen, auch auf andere Reisende. Ich musste dabei an meine Zeit als Flugbegleiterin zurückdenken. Strenge Vorgaben, von der Lippenstiftfarbe bis zur Frisur, mussten befolgt werden. Das Resultat: ein stets gekonnter Auftritt. Allein schon aufgrund der Kontrolle, die wir uns beim Briefing unterziehen mussten. Der kleinste Fehltritt wurde korrigiert – erst dann durften wir den Flug antreten und uns den Fluggästen zeigen. Äußerst streng, könnte man nun sagen, aber: Genau das ist der Garant für diesen Auftritt.

Wenn sie das nächste Mal eine Crew beobachten, achten Sie doch einmal auf die einzelnen Charaktere. Sie werden recht schnell feststellen, dass nicht jede einzelne Person einer solchen Crew dem absoluten Gardemaß entspricht und bestimmt auch nicht jede Flugbegleiterin Model sein könnte. Glauben Sie mir, ich spreche aus Erfahrung, gehöre ich doch selbst größentechnisch nicht in den Bereich »Idealmaß«. Wenn es um unseren Gesamtauftritt ging, haben wir immer von der sogenannten »Rudelattraktivität« gesprochen. Soll heißen: Je mehr Mitarbeiter auf einen einheitlichen Auftritt achten, desto positiver kommt das beim Kunden an.

Es ist kein Geheimnis, dass Uniformen oder Dienstkleider eine enorme Wirkung auf Menschen haben. Denken sie nur an Polizisten oder Ärzte. Doch eine Uniform ist kein Allheilmittel, um beim Kunden gut anzukommen. Vielmehr geht es darum, WIE man etwas trägt. Stellen Sie sich einfach kurz einen Arzt in einem ungebügelten oder schmutzigen weißen Kittel vor oder einen Bankbeamten, der zum Anzug Gesundheitspantoffeln trägt – da zweifelt man doch glatt an der Kompetenz, nicht wahr?

Ich kann mich noch gut daran erinnern, als bei einer unglaublich schicken Hochzeit die Brautleute und die Gesellschaft äußerst elegant gekleidet waren. Das lag auch daran, dass es einen vorgegebenen Dresscode gab. Das Bild wurde allerdings getrübt, als die beauftragte Fotografin in einer Art »Strand-Outfit" ihrer Arbeit nachging und für uns Gäste ständig im Visier war. Wünschenswert wäre gewesen, dass der Dresscode auch von der talentierten Fotografin beherzigt worden wäre, deren Fotos nämlich grandios waren.

Ich bin ein großer Fan von konkreten Vorgaben, was in

einem Unternehmen erlaubt ist und was nicht. Je detaillierter, umso besser. Handbücher mit Beispielen sind eine gute Grundlage. Selbstverständlich muss jedes Unternehmen eigene Standards erarbeiten, um eine passende Variante für die Belegschaft zu finden. Wenn das schwerfällt, kann man sich wunderbar von einem Experten in beratender Funktion unter die Arme greifen lassen. Die Vorgaben starten beim intakten, nicht abgetretenen Schuhwerk und enden bei einer Empfehlung für das Tragen von Schmuck.

Gerne empfehle ich meinen Kunden, einen »Vollzugsbeauftragten« zu ernennen. Eine Art »Dienstkleid-Beauftragten«. Dieser Person steht es zu, mit dem Zeigefinger auf Dinge hinzuweisen, die am Ende des Tages einfach unschön sind. Wenn nämlich niemand diese Kontrolle übernimmt, wird eine Vorgabe recht schnell missachtet. Sehr häufig stelle ich fest, dass sich selbst Führungskräfte schwertun, unpassende Kleidung anzusprechen.

Wonach sollte man sich also richten? Die Grundregel: Schlicht ist elegant! Auch wenn man keine Uniform trägt, so sollte man sich immer die Frage stellen, ob das gewählte Outfit zum (heutigen) Tätigkeitsfeld passt. Ich empfehle, stets ein schlichtes schwarzes Sakko mitzuführen, das man gegebenenfalls überwerfen kann. Dieser einfache Trick ist für Frauen und Männer geeignet. So kann es nicht passieren, dass man gegenüber möglichen Geschäftspartnern »underdressed« erscheint. Außerdem sollte man die sogenannte OLALA-Formel befolgen. Diese Buchstabenkombination steht für den schnellen Check-up morgens vor dem Spiegel.

O = Ordentliche Erscheinung (Passt das gewählte Outfit für den heutigen Tag?)

L = Lächeln (damit der erste Eindruck passt)

A = Aufrechte Haltung (garantiert einen gekonnten Auftritt)

L = Lebendiges Auftreten (wirkt in jedem Falle)

A = Augenkontakt (ist die beste Eintrittskarte)

Häufig erzählen mir Kunden, dass es schwer sei, Mitarbeiter für eine Uniform zu begeistern. Genau aus diesem Grund halte ich viel davon, ein oder zwei Tage in der Woche einen besonderen Dresscode einzuführen. Der »Casual Friday« erlaubt auch einmal eine Jeans und bei uns in Salzburg hat sich beispielsweise der »Lederhosen-Donnerstag« etabliert. An Donnerstagen heißen viele Firmen Trachten willkommen – eine tolle Alternative zur sonst eintönigen Berufsbekleidung. Wichtig ist allerdings, dass es bei vereinbarten Ausnahmen bleibt.

Vor vielen Jahren durfte ich ein Unternehmen beraten, welches für eine Gruppe von Mitarbeitern eine Uniform eingeführt bzw. »verordnet« hatte. Meine Aufgabe bestand darin, das Thema positiv zu besetzen. Ich erinnere mich noch gut daran, dass ich den Teilnehmern unter anderem von einem Test in einem Restaurant berichtete. Dabei wurde geprüft, inwiefern die Dienstkleidung die Qualitätseinschätzung der Gäste beeinflussen würde. Am ersten Tag wurden die Mitarbeiter einheitlich und adrett ausstaffiert. Ohne das Restaurant selbst besucht zu haben, kamen befragte Testpersonen anhand des Auftretens der Mitarbeiter zu dem Schluss, dass es sich um einen bestens geführten Laden handeln müsse. Als man am nächsten Tag die Mitarbeiter in selbst zusammengestellten Schwarz-Weiß-Outfits präsentierte, kamen die Testpersonen zu dem Schluss, ein Urteil erst nach dem Restaurantbesuch abgeben zu können. Ein klarer Beweis dafür, welch großartige Wirkung das Outfit der Mitarbeiter hat.

Ich rate Ihnen: Geben Sie sich und Ihrem Auftritt die Wertschätzung, die Sie verdient haben. Überlassen Sie nichts dem Zufall. Es wäre wirklich schade, wenn man aufgrund des Outfits an einem Auftrag vorbeischlittert.

Kontrollfragen

- Gibt es in Ihrem Betrieb Kleidungsvorschriften?
- Ist Ihr Auftritt und der Ihrer Mitarbeiter stimmig?
- Gibt es klare Tragerichtlinien?

Kompaktwissen

Kleider machen Leute, vor allem aber achten Kunden darauf.

Das gewählte Outfit trägt eindeutig zur Performance bei.

Schlicht ist elegant. Ein schwarzes Sakko kann Termine retten!

Beherzigen Sie die OLALA-Regel.

Service-Tipp 21: Das Gastgeber-Gen

Dass ich gerne und häufig Beispiele aus der Hotellerie und dem Tourismus heranziehe, ist Ihnen sicher bereits aufgefallen. Ich durfte selbst in dieser Branche viele Erfahrungen sammeln und habe festgestellt, dass die Bereitschaft zur Dienstleistung vor allem in diesen Geschäftsbereichen gegeben sein muss und vor allem den entscheidenden Unterschied ausmachen kann. Gerade neulich hat eine liebe Freundin berichtet, dass der Aufenthalt in einem Wellness-Hotel zwar toll gewesen sei, man sich aber im Vorjahr in einem anderen Hotel wohler gefühlt habe. Sie könne gar nicht richtig begründen, warum, aber letztlich hätte es an ehrlicher Herzlichkeit gefehlt. Als »Gast« möchte man hofiert werden und idealerweise werden einem die Wünsche von den Augen abgelesen. Es ist eben ein großer Unterschied, ob man »nur« gut betreut oder eben verwöhnt wird.

128

Doch ist das eine Anforderung und Erwartungshaltung, die tatsächlich nur an die Gastronomie und Hotellerie gestellt werden sollte? Ich glaube nicht. Jedes Unternehmen sollte in meinen Augen dafür Sorge tragen, dass sich Kunden wie Gäste fühlen.

Vor einigen Jahren durfte ich für das größte Eventresort Europas an einem spannenden Projekt mitarbeiten. Die Herausforderung bestand darin, eine spezielle »junge Garde« auszubilden, die fortan den klassischen Hostessen-Job ausüben sollte. Unter dem Arbeitstitel »GastgeberInnen« sollten die jungen Damen und Herren zu engagierten und umsichtigen Aushilfskräften ausgebildet werden, die das Resort perfekt repräsentieren, um den Kundenanforderungen gerecht werden zu können.

Als wir uns an das Anforderungsprofil der künftigen »GastgeberInnen« machten, fielen uns so viele entscheidende Punkte ein, dass wir kurzerhand entschieden, das Profil von den jungen Talenten selbst erarbeiten zu lassen. Im Rahmen eines Workshops wurde an der einfachen Frage gearbeitet: Was zeichnet einen exzellenten Gastgeber aus?

Alle waren mit Feuereifer bei der Sache und es wurde ein umfangreiches Anforderungsprofil erstellt. Erarbeitet wurden Punkte wie ein blitzblanker Eingangsbereich, freie Bügel an der Garderobe, ein hübsch gestalteter Raucherbereich und auch an eine optimale Vorbereitung und das adrette Auftreten der Gastgeber wurde gedacht.

Das Wichtigste aber war, dass die jungen Aushilfskräfte von selbst ein Gespür für die Rolle des Gastgebers bekommen haben. Im Rahmen unseres Schulungsfinales wurde schließlich klar und deutlich der Unterschied zwischen Hostessen und Gastgebern herausgearbeitet. So würden etwa Hostessen auf charmante Art und Weise den Weg zur Garderobe zeigen, engagierte Gastgeberinnen aber den Gästen den Mantel selbst abnehmen. Merken Sie den Unterschied?

Ich denke noch oft und gern an dieses Projekt zurück,

weil mir der Ansatz, ein Gastgeber statt ein Dienstleister sein zu wollen, sehr gefällt.

Haben Sie sich Ihre Abläufe schon einmal aus der Gastgeber-Perspektive angesehen? Würden Sie sich als Gast wohlfühlen? Und würden Sie als Gastgeber in Ihren Unternehmen gut abschneiden?

Kontrollfragen

– Wie viel Gastgeber-Gen steckt in Ihnen?
– Wie sieht es mit Ihrer perfekten Vorbereitung aus, wenn Sie Kunden empfangen?
– Legen Sie sich so richtig ins Zeug, um ein perfekter Gastgeber zu sein?

Wann immer Kunden zu uns kommen, um unsere Dienste in Anspruch zu nehmen, um mit uns zu verhandeln, zu projektieren, sich beraten zu lassen oder etwa einen Abschluss zu tätigen – vergessen Sie niemals, Gastgeber zu sein und dem Kunden den roten Teppich auszurollen.

Denken Sie kurz darüber nach: Wie viel Gastgeber-Gen steckt in Ihrem Unternehmen und in Ihren Mitarbeitern? Die Ausrichtung können Sie selbst bestimmten. Gleicht Ihr Betrieb eher einem Haubenrestaurant, in dem man sich siezt, oder einem urigen Wirtshaus, wo man schon einmal auf das freundschaftliche »Du« übergehen kann? Beides hat seine Berechtigung, sofern das Konzept ein stimmiges ist.

Wahre Gastgeber achten auf alle Wünsche, die der Gast oder der Kunde mitbringt. Um auf das Beispiel von vorhin zurückzukommen: Der Chef des Eventresorts lebt das Gastgeber-Dasein seinen Mitarbeitern bravourös vor und versucht, den Service des Hauses aus der Sicht des Gastes zu erleben. So nächtigt er gelegentlich in den Gästezimmern oder legt den Weg von der Einfahrt über die Gäste-Tiefgarage bis zur Rezeption mit wachem Auge zurück, um etwaige Mängel zu entdecken und korrigieren zu können. Ich kann Ihnen nur empfehlen, Ihr Unternehmen, Ihre Räumlichkeiten und Serviceleistungen zwischendurch ebenfalls einmal aus der anderen Perspektive zu betrachten und so Ihr Gastgeber-Gen zu checken und somit eine eigene Unternehmens-DNA zu entwickeln.

Kompaktwissen

Jedes Unternehmen benötigt eine gute Portion Gastgeber-Gen.

Gastgeber rollen für ihre Kunden den roten Teppich aus.

Fragen Sie sich, was einen exzellenten Gastgeber auszeichnet, und wenden Sie die Antwort eins zu eins in Ihrem Betrieb an.

Service-Tipp 22: Angenehm anders als alle anderen

In einem vorangegangenen Service-Tipp (Nonsense-Service) habe ich bereits erwähnt, dass ich selbst kein großer Fan von Weihnachtskarten und ähnlich abgestumpften Werbeaktionen bin. Nun möchte ich mit Ihnen gemeinsam über mögliche Alternativen nachdenken, die mit Garantie Erinnerungswert haben.

Viele klein- und mittelständische Unternehmen denken hie und da Werbeaktionen an, um Neukunden an Land zu ziehen oder aber »eingeschlafene« Kundenbeziehungen wieder zu aktivieren und Anreize zu setzen. Genauso handhabe ich das in meinem »Ein-Frau-Business« auch. Ich überlege mir zwischendurch kleine, nicht allzu aufwendige, aber nachhaltige Ideen, um mich den Kunden in Erinnerung zu rufen. Für meine jährliche Aussendung sammle ich quer durch die Monate witzige Ideen. Sämtliche Anregungen, die ich dazu finde, notiere ich bzw. lege ich ab – dabei handelt es sich um witzige Sprüche, geniale Textpassagen und Slogans, lustige kleine Geschenke und Give-aways mit einer passenden Story. Das alles wandert in meine »Ideenkiste«.

Glauben Sie mir, die besten Ideen liegen meist direkt vor Ihnen. Machen Sie einfach die Augen auf. Und keine Sorge: Abschauen ist absolut erlaubt. Wichtig ist nur, was ich letztlich daraus mache.

Wenn es also an der Zeit ist, einen Gruß an meine Kunden zu schicken, dann werfe ich einen Blick in die Ideenkiste. Sollte ich nicht fündig werden, starte ich beispielsweise ein Brainstorming zum Thema Sommer, Sonne, Sonnenschein. Bestimmt würde Ihnen dazu auch so einiges einfallen. Etwa eine Sonnencreme, eine Urlaubspackliste, ein Pflanzsamen für eine Sonnenblume, ein Cocktail, ein kühles Bier, ein buntes Strandtuch, ein Wasserball, ein Reisepassetui, eine Sonnenkappe, ein Sonnenbrillenputztuch, ein Eiskaffee etc.

Wer sich hierbei etwas schwerertut, sollte unbedingt auf hilfreiche Kreativitätstechniken zurückgreifen, die man zur Ideensammlung heranziehen kann. Kennen Sie die 6-3-5-Methode[6]? Diese Methode steht für sechs Teilnehmer, drei Ideen und jeweils fünf Minuten. Sie nehmen sich ein Blatt, auf dem Sie jeweils drei Ideen zum Thema aufschreiben. Danach geben Sie die Blätter an die anderen Teilnehmer weiter. Dieser Prozess wiederholt sich so oft, bis alle Teilnehmer ihre Ideen hinzugefügt haben. Eine festgelegte Zeitspanne von etwa fünf Minuten zwischen dem Tausch empfiehlt sich, um sich dabei nicht zu sehr zu verkopfen. In kurzer Zeit können so im Idealfall 108 Ideen entstehen. Selbstverständlich ist die Übung auch in kleinen Teams durchführbar. Entscheidend ist, dass man viele unterschiedliche Denkansätze und Anstöße erhält, auf die man selbst nicht gekommen wäre.

Was die Kreativität und das Auffinden von großartigen Ideen betrifft, so hat mich der Runtastic-Gründer, Florian Gschwandtner, in einem seiner Vorträge inspiriert. Er hat davon erzählt, dass er mit seinem Team immer mal wieder einen »DONI« fix in den Kalender installiert. Diese Buchstabenkombination steht für DAY OF NEW IDEAS. An diesem besonderen Tag geht es nicht um das Tagesgeschäft, sondern eben um neue, geniale Ideen. Im Bereich von Service-Ideen braucht es eventuell nicht gleich einen ganzen Tag, aber ein spezielles Meeting, wo nur die Kreativität Platz findet, gefällt mir ganz besonders gut.

Wie auch immer die neuen Ideen gesammelt wurden – nun kommt ein nächster wichtiger Schritt: Es geht ans Selektieren der verschiedenen Ideen. Ich habe mir dazu eine eigene Methode geschaffen. Eine Art Trichter, durch den die Ideen wandern. Dazu überlege ich folgende Fragen:

- Was bringt die Aktion dem Kunden?
- Ist die Idee machbar bzw. umsetzbar?
- Ist die Idee maßgeschneidert?
- Wie kann ich die Idee am besten inszenieren?

Um Ihnen meine Trichter-Technik besser veranschaulichen zu können, biete ich Ihnen einen Einblick in eine meiner letzten Sommer-Aktionen. Ich entwickelte die Idee, einen »Eiskaffee« an Kunden zu verschenken. Mich persönlich lässt der Gedanke an einen kühlen Eiskaffee an einem heißen Bürotag innerlich strahlen und ich bin davon ausgegangen, dass das auch auf viele meiner Kunden zutrifft. Das heißt, die Frage »Was bringt die Aktion dem Kunden?« war schnell beantwortet. Bei Punkt zwei, »Ist die Idee umsetzbar?«, wurde es etwas schwieriger. Schließlich wäre es zeit- und kostentechnisch nicht möglich, jedem Kunden persönlich einen feinen Eiskaffee vorbeizubringen. Also galt es, eine Lösung zu finden, und ich entschied mich, eine Fertigmischung zu verschicken. Ist die Idee maßgeschneidert? – Noch nicht, aber mit einer persönlichen Nachricht wird es schnell persönlich. An diesem Punkt vertraue ich auf die genialen Dienste meiner Texterin. Ich ziehe also für den beiliegenden Brief jemanden zurate, der pointiert und textlich das Päckchen Eiskaffee zu etwas Besonderem macht: Urlaub, Sonne, Sonnenschein – so soll der Sommer sein!

»Lassen Sie mich ein wenig Sonne und Sommerfeeling in Ihr Büro bringen!«

»Eiskalte Milch vermischt mit dem Inhalt der beiliegenden Tüte zaubert einen herrlichen Eiskaffee für Sie – und den haben Sie sich verdient!«

»Ich wünsche Ihnen noch einen herrlichen Sommer ...«

»Außerdem freue ich mich auf unser (kreatives) Folgegespräch im Herbst!«

»Bis dahin alles Liebe und viele ›Impulse‹ sendet Ihnen herzlichst ...«

Vergessen Sie bitte nie, dass der »Beipacktext« unbedingt den Nagel auf den Kopf treffen sollte. Hier gilt es beim Leser das Gefühl auszulösen, das Sie für die jeweilige Aktion hervorrufen wollten. Nur so ist eine solche Aktion auch sinnvoll.

Nachdem ich den Beibrief im Copyshop oder der Druckerei meines Vertrauens in der gewünschten Menge produzieren lassen habe, geht es an die »Maßschneiderei«. Ich nehme mir die Zeit, um mit einer Füllfeder den Empfänger persönlich anzusprechen. Meist fällt mir noch ein netter Satz oder Gruß dazu ein. Wenn Sie kein »Schönschreiber« sind, dann lassen Sie doch jemanden ans Werk, der das kann und Ihnen gerne unter die Arme greift. Die Unterschrift kann dann wieder die eigene sein.

Nun zum letzten Punkt: »Wie kann ich die Idee am besten inszenieren?« Auch wenn das Gimmick (Eiskaffee) nicht besonders wertvoll ist, die Aufmachung macht ihn zu etwas Einzigartigem. Ich klebe also das Päckchen mit einem hübschen Aufkleber (mit meinem Firmenlogo) neben den Text und packe den Brief in einen hübschen Umschlag.

Damit die Aktion auch fruchtet, plane ich in den folgenden Tagen und Wochen Zeit zur »Nachsorge« ein – ich frage proaktiv nach, ob der Eiskaffee geschmeckt hat. Die beste Gelegenheit, um mit dem Kunden (wieder) ins Gespräch zu kommen.

Es gibt so viele tolle, sinnvolle Dinge und auch Tage entlang des Kalenders, die man zum Anlass nehmen kann, um kreative Ideen zu entwickeln. Wenn der Mitbewerber sich um die Geburtstage kümmert, was ohnehin ein alter Hut ist, machen Sie es anders. Gratulieren Sie zum Namenstag oder rufen Sie einen Tag VOR dem Geburtstag an und erwähnen Sie, dass Sie unbedingt der erste Gratulant sein wollten.

Sie können gerne auch eigene Feiertage entwickeln und erfinden. Etwa den Tag des Apfels, Tag des Kompliments (verschicken Sie eine Karte mit einem Kompliment oder rufen Sie an und platzieren dieses), oder kreieren Sie den Tag des Kunden und lassen Sie sich etwas Schönes einfallen. Achten Sie stets darauf, dass die von Ihnen gewählten Dinge den folgenden Anforderungen entsprechen: *Angenehm anders als alle anderen!*

Wenn Sie jetzt denken: »Die Zeit dafür habe ich doch nicht. Mein Unternehmen, meine Abteilung und unser Kundenstock ist so groß, das funktioniert so nicht«, dann delegieren Sie eine schöne Aktion und holen Sie sich Hilfe von außen, beispielsweise einer Werbeagentur.

Eine Sache liegt mir diesbezüglich noch am Herzen: Bitte verschenken oder versenden Sie keine Dinge, die niemand braucht. Achten Sie auch drauf, dass die Geschenke nicht der Umwelt schaden. Großzügig in Plastik verpackte Give-aways verärgern viele Kunden und so geht eine solche Aktion oftmals nach hinten los und wir würden selbst in der Kategorie »Nonsense-Service« landen.

Kontrollfragen
- Nutzen Sie Kreativitätstechniken zur Ideenfindung?
- Sammeln Sie quer durchs Jahr tolle Ideen, die Sie verwenden könnten?
- Werben Sie bereits »angenehm anders als alle anderen«?

Kompaktwissen
Überdenken Sie Ihre Marketing-Aktionen anhand der Trichter-Technik.
Kreieren Sie eine Ideenkiste oder halten Sie gute Ideen am Smartphone fest.
Wählen Sie Aktivitäten mit Bedacht (Aktualität, Umwelt, Sinnhaftigkeit etc.)

Service-Tipp 23: Service-Persönlichkeiten überzeugen

Glücklichmacher, Service-Versteher, Alltagshelden, Wundertaten-Menschen, Helfer in der Not – es gibt viele Namen für wahre Service-Persönlichkeiten. Was aber zeichnet diese Menschen aus? Man könnte sagen, sie haben in erster Linie verstanden, dass am Ende der Kunde das Gehalt bezahlt und nicht der Chef. Und somit werden Kunden auch hofiert und betreut. Für mich haben exzellente Service-Persönlichkeiten etwas »Butlerhaftes«. Es geht nicht darum, verkaufen oder beraten zu können, vielmehr geht es darum zu »dienen«. Gut, vielen wird dieser Ausdruck nicht gefallen, weil er sehr devot klingt. Man könnte sie auch »Kümmerer« nennen. Die Kunst dieser Dienstleistungsmenschen ist es, da zu sein, wenn man sie braucht, und sich ansonsten dezent im Hintergrund zu halten. Sie sind für alle Fälle gerüstet, und das mit einer richtig guten Portion Höflichkeit und Zuvorkommenheit. Vor allem aber hat man stets das Gefühl, dass diese Personen nichts aus der Ruhe bringt und Probleme in Wahrheit keine sind.

Szenario

Im folgenden Szenario möchte ich Ihnen gerne meine Vorzeige-Service-Persönlichkeit vorstellen: Warum nutze ich ein Postamt, das um etliche Kilometer weiter entfernt ist, und nicht die zwei Standorte in unmittelbarer Nähe zu meinem Büro? Weil genau in diesem Postamt mein Service-Held tätig ist. Schon beim Betreten der Filiale wird man – sogar über die anderen Kundenköpfe hinweg – herzlich begrüßt. Er schafft es mit Schmäh, gute Laune zu verbreiten, wenn es zu einer kleinen Wartezeit kommt. Er nimmt mir Dinge ab und meinte beispielsweise letztens: »Ach, rück rüber, deine Kuverts. Ich finde ein Zeitfenster, um die für dich zu bekleben.« Als ich bei einem Vortrag über »Service-Role-Models« sprechen sollte, fiel mir sofort dieser »Postmann« ein. Ich fragte ihn, warum er seinem Job mit so viel Engagement nachkommt, und er meinte: »Na ja, weil es freundlich am leichtesten ist! Und ich arbeite gerne für die Post – wenn man mir in die Adern sticht, fließt gelbes Blut heraus!« Leidenschaftlicher kann man seinen Job nicht machen, meine ich.

Wie allerdings wird man zu einer dieser herausragenden Service-Persönlichkeiten? Hier kommt die gute alte MMMM-Regel zur Anwendung. Diese Abkürzung steht für: Man muss Menschen mögen! Ein ähnlich weiser Spruch vom erfolgreichen Unternehmer Zino Davidoff wird in diesem Zusammenhang ebenfalls gerne zitiert: »Ich habe nie Marketing gemacht, ich habe nur immer Menschen geliebt!« Genau darum geht es. Und das muss jedem Mitarbeiter, jeder Führungskraft, jedem Kollegen bewusst sein. Wenn ich mich auf mein Gegenüber so gut als möglich einlasse, dann wird es mir auch gedankt.

Gerne mache ich in meinen Seminaren dazu eine kurze Übung. Ich frage banal nach einer Person, die uns im Zusammenhang mit gewissen Leistungen sofort in den Sinn kommt. Wer ist mein Lieblingswirt? Wen kann ich als Tennis- oder Golflehrer wärmstens empfehlen? Oder wo gibt es ehrliche Beratung im Textilbereich? All jene, die uns an erster, zweiter oder dritter Stelle einfallen, machen deren Job exzellent. Wenn man drüber nachdenkt, warum man genau auf diese Persönlichkeiten gekommen ist, so wird einem klar, dass diese Personen die Arbeit mit Menschen und somit ihren Job lieben.

Ich habe nachstehend ein paar essenzielle Dinge zusammengefasst, die wir tun können, um als Service-Persönlichkeit in Erinnerung zu bleiben:

● Stellen Sie Ihre Kunden in allen Belangen in den Mittelpunkt.
● Stellen Sie Ihre schlechte Laune in den Hintergrund und versuchen Sie, professionell und gekonnt aufzutreten.
● Arbeiten Sie stets an sich und entwickeln Sie sich weiter, indem Sie zum Beispiel gezielt Kurse besuchen.
● Gehen Sie dienstleistungsbewusst auf Menschen zu und zeigen Sie ein entgegenkommendes Verhalten.
● Holen Sie regelmäßig Feedback ein und nehmen Sie es auch an (gerne auch vom Kunden).
● Versuchen Sie im Team und auch bei Kunden ein gutes Vorbild zu sein. Seien Sie ein Teamplayer!
● Versuchen Sie, Ihr Gegenüber mit all seinen Anliegen zu verstehen, und *be-dienen* Sie Ihre Kunden.

Der wichtigste Tipp, um zu einer Service-Persönlichkeit zu werden, hat mit der »Vorwegnahme des Kundenwunsches«

zu tun. Für »Magic Moments« zu sorgen, mit denen nicht einmal der Kunde rechnet – das ist meiner Meinung nach die Königsdisziplin. Und genau hierdurch zeichnen sich Servicehelden aus.

Szenario

An einem sonnigen Tag entschloss ich mich, an der Tankstelle ein Ticket für die Waschstraße zu ziehen. Der engagierte Tankwart lächelte mich an und meinte: »Heute ist es so schön draußen, darf ich Ihnen einen Cappuccino to go anbieten, bis Ihr Auto gewaschen ist?« Ich hatte plötzlich richtig Lust auf Kaffee und nahm den Vorschlag dankend an. Der Cappuccino wurde mir selbstverständlich verrechnet – für mich war er dennoch eine Art von »Geschenk«, weil er mir einen schönen Moment bereitet hat.

Kontrollfragen

- Sind Sie eine Service-Persönlichkeit?
- Mögen Sie Menschen?
- Erahnen Sie Wünsche, die Ihre Kunden eventuell noch nicht ausgesprochen haben?

Kompaktwissen

Service-Persönlichkeiten sind das beste Marketing für Unternehmen.
Servicehelden lieben es zu »dienen«.
Achten Sie auf die geheimen Wünsche der Kunden.

Service-Tipp 24: Geben Sie Ihren Kunden Namen

Wann wurden Sie als Kunde zuletzt mit Namen angesprochen? Ich habe den Eindruck, dass die persönliche Anrede in den letzten Jahren etwas aus der Mode gekommen ist. Dabei ist es in meinen Augen eine simple und einfache Form, unseren Kunden Wertschätzung entgegenzubringen. Es hat doch etwas für sich, etwa beim Einchecken im Hotel, mit einem freundlichen »Guten Tag, Frau/Herr ...« angesprochen zu werden. Ich für meinen Teil fühle mich dabei als Kundin beachtet und wahrgenommen.

Ich werde immer häufiger gefragt, ob die namentliche Anrede nicht gegen die gefürchtete DSGVO verstößt und ob man das überhaupt noch dürfe?! Man darf nicht nur, man sollte sogar, sage ich, ohne mit der Wimper zu zucken. Kunden beim Namen zu nennen ist eines der wichtigsten »Gebote« in der Servicequalität. Eine gewisse Diskretion vorausgesetzt, das versteht sich von selbst.

Natürlich können Sie nicht von Haus aus alle Kundennamen im Kopf haben. Aber es gibt verschiedenste Gelegenheiten, diesen zu erfragen. Beim Lesen der Korrespondenz beispielsweise, sei es eine E-Mail oder ein Brief, kann ich in der schriftlichen Antwort wunderbar den Namen aufgreifen. Oder man nutzt im direkten Kontakt die Kundenkartei bzw. nimmt die Kundenkarte – falls vorhanden – zur Hilfe.

Szenario

Einer meiner Ärzte verwendet seit Jahren ein Online-Tool für die Terminvergabe. Was für mich zu Beginn etwas befremdlich war, stellte sich als recht unkompliziert und als positive Erfahrung heraus. Hat man erst einen Zugang, ist der Wunschtermin schnell herausgesucht und gebucht. Somit hänge ich nicht lange in der telefonischen Warteschlange, was ein positiver Effekt für den Patienten ist. Als ich vor Kurzem einen Termin buchen wollte, warf mir das System nur einen bestimmten Tag mit Terminvorschlägen aus, der partout nicht in meinen Terminplan passte. Ich entschied mich, eine wirklich freundliche Anfrage per E-Mail zu senden. Die Antwort ärgerte mich allerdings sehr: »Leider haben wir keine Termine mehr frei! Mg.« Keine persönliche Anrede und kein Funken Freundlichkeit. Die Abkürzung »Mg« war mir auch neu. Steht wohl für »Mit Grüßen« und wirkt auf mich sogar ein wenig frech. Nach dem ersten Ärger habe ich einen weiteren Versuch gewagt und wiederum höflich, aber bestimmt gebeten, mir weitere Termine zu nennen. Es folgte, Sie ahnen es wahrscheinlich schon, erneut eine forsche Antwort.

Lassen Sie uns kurz über dieses Fehlverhalten nachdenken. Die Antworten der Praxis ließen in allen Belangen zu wünschen übrig, aber alleine schon die namentliche Anrede hätte die Aussagekraft der E-Mails positiv verändert. Anhand meiner Signatur hätten die Mitarbeiter alle relevanten Daten zur Verfügung gehabt, mich in der schriftlichen Antwort namentlich anzureden. Wenn man also die Möglichkeit hat, den Kunden bei seinem Namen zu nennen, dann sollte man diese Gelegenheit in jedem Fall nutzen. So vermeiden Sie, dass das Schreiben – so wie in meinem Fall – unsympathisch und unhöflich wirkt.

Ebenso rate ich, diese Regel auch beim telefonischen Kontakt zu beherzigen. Bemühen Sie sich, den Namen des Anrufers auf einem Telefonblock zu notieren und diesen fortan zwei bis drei Mal im Telefonat zu verwenden. Öfter muss es nicht sein, immerhin macht die Dosis das Gift. Zu häufiges Ausschlachten des Namens kann umgekehrt lästig und somit nachteilig sein.

Sie können auch den direkten Weg wählen und den Kunden nach seinem Namen fragen. Etwa mit den freundlichen Worten: »Entschuldigen Sie bitte, Sie waren nun schon so oft bei uns und zählen zu unseren Stammkunden. Ich möchte gerne Ihren Namen erfragen. Würden Sie ihn mir netterweise verraten?« Bemühen Sie sich, den Namen für die Zukunft so gut wie möglich zu merken. Sei es durch eine Eselsbrücke oder eine Notiz. Gute Vorbereitung hilft in jedem Fall – so können Sie sich etwa vor einem vereinbarten Termin den Namen des bald eintreffenden Kunden einprägen. Ich selbst speichere mir nach dem ersten Kontakt mit Firmen und Kunden die Namen meiner Ansprechpartner umgehend in mein Mobiltelefon, um bei einem Folgeanruf gerüstet zu sein und auch bei einem Treffen die Namen parat zu haben.

Noch einen Tipp möchte ich Ihnen mit auf den Weg geben: Natürlich gibt es Kunden mit schwierigen, schier unaussprechlichen Namen. Bemühen Sie sich trotzdem und wiederholen Sie den Namen, so gut Sie können – am besten fragen Sie auch beim Kunden nach, ob die Aussprache richtig ist. Gerade diese Kunden kommen selten in den Genuss, persönlich angesprochen zu werden, da sich viele Menschen davor »drücken«. Nutzen Sie diese Chance und sammeln Sie besondere Pluspunkte.

Kontrollfragen
- Wie wird bei Ihnen die Ansprache mit den Kundennamen gehandhabt?
- Verwenden Sie Kundennamen in all Ihren Geschäftsabläufen?
- Führen Sie eine Karteiliste, in der Sie Kundennamen notieren?

Kompaktwissen
Verwenden Sie Kundennamen und lassen Sie sich nicht von DSGVO abschrecken.
Scheuen Sie sich nicht, nach schwierigen Namen zu fragen.
Achten Sie immer auf die Anwendung der Namen, persönlich, per E-Mail und am Telefon.

Service-Tipp 25: Die kleinen Helfer des Alltags

Arbeitstage sind vielfältig. Meist ist man zwar gut durchgeplant und vorbereitet, aber das Tagesgeschäft zeigt Dinge auf, die man noch zusätzlich zu erledigen hat. Noch schnell ein Brief, der kuvertiert und eilig verschickt werden sollte, eine Arbeitsprobe für den Kunden Maier soll bereitgelegt werden, und da die morgige Besprechung vorverlegt wurde, sollte auch das Setting im Besprechungsraum stimmig sein. Da bekanntlich Kleinigkeiten den großen Unterschied machen, ist es ratsam, gewisse Dinge, die den Arbeitsalltag erleichtern, griffbereit zur Stelle zu haben. Für mich sind das die unverzichtbaren »kleinen Helfer des Alltags.«

Im Laufe meiner Tätigkeit habe ich gelernt, wie wertvoll es ist, für alle Eventualitäten gerüstet zu sein. Zu Beginn meiner Selbstständigkeit habe ich oft zu den namhaften Unternehmen aufgeblickt. Ich kann mich gut daran erinnern, dass ich es immer beeindruckend fand, wenn ich wertige Folder mit passendem Kuvert, nette Gimmicks in cooler Aufmachung oder kleine Zugaben mit perfektem Branding erhielt. Das war für mich eine Art Gütesiegel und ein Zeichen für Erfolg. Natürlich hatte ich als Einzelunternehmerin stets den Kostenfaktor vor Augen und ich habe mir gedacht: Ein so individueller Auftritt funktioniert erst, wenn man für einen akzeptablen Kundenstamm bei einem Werbemittelanbieter in hoher Auflage bestellen kann.

Doch falsch gedacht. Auch mit kleinen Mitteln kann man gekonnt Eindruck beim Kunden hinterlassen und im Kleinen punkten. Die sogenannten »Helfer des Alltags« haben sich für mich als äußerst wertvoll herausgestellt.

Im ersten Schritt empfehle ich Ihnen, auf Qualität zu achten – es geht nicht darum, sämtliche Werbemittel zur Verfügung zu haben. Vielmehr sollte das verwendete Material, beispielsweise Folder, hochwertig sein. Versuchen Sie zu überlegen, welche Werbemittel in Ihrem speziellen Fall Sinn machen. Mir und meinem Impulsgeber-Geschäftspartner waren Kuverts mit Branding am Beginn unserer Selbstständigkeit schlichtweg zu teuer und so kam unser erstes Helferlein ins Spiel: ein runder Aufkleber in unseren Firmenfarben mit Logo und Spruch versehen. Dieser Sticker wurde verwendet, um Kuverts zu veredeln. Außerdem wurde dieser zudem multifunktionell eingesetzt. So pappten wir beispielsweise den Sticker auf eine Banane, einen Smoothie oder einen Energydrink, um unseren Kunden einen Vitaminkick mitzubringen, oder wir klebten ihn auf einen Becher Kaffee, um ihn dem Kunden mit einer persönlichen Note zu servieren. Sie sehen, so ein Aufkleber kann mächtig Eindruck hinterlassen. Auch Visitenkarten lassen sich herrlich nutzen: Ich habe beispielsweise immer mehrere gelochte Karten in meiner Geldtasche. So kann ich spontan ein Kärtchen an einem Blumengruß anbringen oder ein anderes Geschenk damit versehen.

Ebenfalls multifunktional einsetzbar sind sogenannte »Complimentary-Cards«. Eine Klappkarte, die auf der Innenseite genügend Raum bietet, um individuelle Nachrichten, Dankesworte, Genesungsprozess oder sogar Gutscheine zu verfassen.

Verwenden Sie Büroklammern, um eventuell etwas an ein Schriftstück anzupinnen? Ich habe mir angewöhnt, Klammern in außergewöhnlicher Form zu verwenden. So setzen Sie kleine Akzente und werten zudem Ihre Büromaterialien auf. Auch eigens angefertigte Post-its können ein Eyecatcher sein. Mit einem anständigen Auftritt nach außen heben Sie ganz automatisch das Ansehen Ihres Unternehmens.

Ich bin ein großer Fan von edlen Schreibgeräten, da sie Schriftstücke jeglicher Art einen ganz anderen Wert geben. Meine Füllfeder erweist mir hier gute Dienste. Apropos Schreibgeräte. Gerne möchte ich Ihnen mit nachfolgender Geschichte eine Idee geben, wie Sie ganz banale Dinge – wie einen Kugelschreiber – zum wahren Helden des Alltags machen können.

Szenario

Meine liebe Freundin Gabi empfahl mir ein spezielles Skigeschäft, um mich bezüglich einer Tourenski-Ausrüstung beraten zu lassen und Material zu testen. Die Berater vor Ort waren überaus engagiert und professionell – in Erinnerung geblieben ist mir das Geschäft aber durch ein ganz spezielles Give-away. Als ich den Verkäufer nach einer Visitenkarte fragte, drückte er mir einen Kugelschreiber in die Hand mit den Worten: »Darauf findest du all unsere Daten, unter anderem die Telefonnummer. Visitenkarten verlegt man so leicht, das passiert mit Kugelschreibern nicht!«

Ich hielt den Kugelschreiber tatsächlich lange in Ehren. Und jedes Mal, wenn ich ihn zückte, musste ich an diese Geste denken. Das Logo und den Schriftzug des Ladens habe ich tatsächlich gut abgespeichert. Man kann nun von der Aktion halten, was man will, mich hat sie beeindruckt. Und sie verdeutlicht, dass man auch mit kleinen Helferleins Akzente setzen kann. Wenn Ihnen gebrandete Werbemittel zu kostspielig sind, so können Sie auch Kugelschreiber oder Aufkleber farblich passend zum Firmenlogo oder Gesamtauftritt verwenden. Viele Arbeitsmittel werden kostengünstig in verschiedensten Farben und Mustern angeboten.

Achten Sie auch auf eine stimmige und einheitliche Linie. Es schickt sich nicht, wenn verschiedene Varianten eines Logos quer durcheinanderpurzeln. Auch hier ist es weise, sich an großen Unternehmen zu orientieren. Nach einem Markenrelaunch werden auch die Werbematerialien angepasst. So stimmt die Optik und eine Durchgängigkeit ist erkennbar.

Kleine Helferleins haben jedoch nicht nur mit eigenen Werbematerialien zu tun. Es empfiehlt sich, Kleinigkeiten parat zu halten, die Ihre Performance und Kundenorientiertheit unterstreichen. Ein Kunde aus dem Lebensmittelladen hält an der Servicestelle (Infopoint) beispielsweise ein paar Dinge parat, die das Leben leichter machen. Vom Einkaufswagenchip bis zum Pflaster für kleine Missgeschicke. Im Außendienst kann man eine ähnliche »Notfall-Kiste« beispielsweise im Auto mitführen. Ich kann mich noch gut an ein Training mit Versicherungsberatern erinnern. Wir haben im Detail an Dingen gearbeitet, die einen bleibenden Eindruck beim Kunden hinterlassen haben. Bei Hausbesuchen ein Leckerli für den süßen Vierbeiner, ein paar Malvorlagen (für Mädchen natürlich andere wie für Jungs) und Stifte für die Kinder, ein Brillenputztuch für Brillenträger und scharfe Halsbonbons für kleinere Erkältungen. Klingt nach einem großen Zauberkoffer, den man mit sich schleppt? Nicht unbedingt. Die meisten Dinge kann man gezielt vorbereiten und mitbringen.

Vergessen Sie nie: Kleine Geschenke erhalten die Freundschaft. Das sagt man nicht nur so, das nehme ich für mein Business auch sehr ernst.

146

Kontrollfragen

– Sind Sie für alle Eventualitäten gerüstet?
– Legen Sie Wert auf einen guten Außenauftritt?
– Gibt es in Ihrem Unternehmen »Kleine Helfer für den Service-Alltag«?

Kompaktwissen

Setzen Sie auf die kleinen Dinge.
Achten Sie auf eine einheitliche Linie Ihrer Werbematerialien.
Halten Sie stets einige »Helferleins« parat, die der Kunde schätzt.

Service-Tipp 26: Kommunikationsjoker

Wenn man die Kunst des guten Kommunizierens beherrscht, ist man erfolgreicher – und das in allen Bereichen des Lebens, insbesondere im Umgang mit Kunden und Gesprächspartnern. Im Grunde kann man Kunden (fast) alles mitteilen – vorausgesetzt, es ist geschickt, gekonnt und vor allem richtig formuliert. Menschen, die als Quereinsteiger in einen Kunden- oder Verkaufsberuf wechseln, erscheint es oft, als würden dienstleistungsorientierte Menschen eine »eigene Sprache« sprechen. Das Gute daran ist: Wenn man sich darauf einlässt, hat man schnell den Dreh raus.

Die Sphären der Kommunikation sind unendlich. Wir kommunizieren im Grunde ständig – bewusst und unbewusst. An dieser Stelle könnten wir über verbale und nonverbale Kommunikation und das Sender- und Empfängermodell sprechen. Das alles haben Sie mit Garantie bereits irgendwo gehört oder gelesen.

Ich möchte aber in erster Linie auf die direkte Kommunikation eingehen, die uns auch im Kundenservice betrifft. Wie und vor allem wo kommunizieren wir? Und: Ist das so richtig?

Ja, die Kommunikation hat sich verändert. Denken wir zum Beispiel an eine »ordentliche« Begrüßung. Sätze werden nicht mehr fertig gesprochen. Lapidare, eher für den Privatgebrauch geeignete Wörter und Satzbausteine halten Einzug im Businessleben. Ich persönlich bin kein Fan davon. »Hallo«, »Tschüss« und »Tschau« sind in meinen Augen Grußarten, die im privaten Bereich passend sind, im geschäftlichen Zusammenhang aber nichts verloren haben. Die Führungskraft eines Elektronikunternehmens hat doch glatt nach meinem Vortrag die »Tschüss-freie-Zone« eingeführt. Bis zu diesem Zeitpunkt hatten sich wenige Mitarbeiter mit der Außenwirkung beschäftigt. Ein herzliches »Grüß Gott«, ein nettes »Guten Morgen« oder ein »Guten Tag« hinterlassen in jedem Fall einen weitaus höflicheren Eindruck.

Kommunikation geht heutzutage weit über persönliche Berührungspunkte hinaus. Die bunte Welt der Social-Media-Kanäle ist dazugekommen. Ohne Frage eine tolle Sache, um auf sich und seine Leistungen kostengünstig aufmerksam zu machen und mit Kunden im ständigen Austausch zu sein. Umso wichtiger ist es jedoch, auch hier auf die richtige Form der Kommunikation zu achten. Es ist erschreckend, wie häufig man Postings mit gravierenden Tipp- oder Rechtschreibfehlern entdeckt. Natürlich darf die Wortwahl auf Plattformen wie Facebook oder Instagram etwas »frecher« und jünger sein, aber die Grundsatzregeln, wie zum Beispiel Rechtschreibung und Grammatik, sollte man dennoch nicht außer Acht lassen. So sollte man sich vorab immer Gedanken darüber machen, welche Inhalte man teilen möchte und wie diese beim Kunden ankommen.

Neulich habe ich ein Posting einer lieben Kundin gelesen. In dem kurzen Text haben sich tatsächlich drei schlimme Fehler eingeschlichen. Sie können sich vorstellen, welchen Eindruck das hinterlässt. Dasselbe betrifft übrigens Briefe und E-Mails. Selbstverständlich können Fehler passieren und nicht jeder ist ein Rechtschreibexperte – aber die meisten Patzer sind dank automatischer Rechtschreibprüfung vermeidbar. Bei wichtigen Texten hilft es oft, das Schriftstück wegzulegen und es zu einem späteren Zeitpunkt noch einmal auf Schlüssigkeit und Fehler zu überprüfen oder auch einen Experten gegenlesen zu lassen. Wenn man um die Schwäche weiß, kann man auch einen Profitexter oder Lektor um Hilfe bitten.

Ebenfalls ein Dorn im Auge ist mir die Verwendung von komplizierten, betriebsinternen Ausdrücken oder Anglizismen – also ein Fachjargon, der dem Empfänger nicht geläufig ist. Der Kunde sollte die Chance haben, dem Verkäufer oder Berater zu folgen. Dasselbe gilt für technische Branchen. Versuchen Sie immer »kundisch« zu sprechen bzw. zu schreiben. Die Scham ist oft größer als der Mut nachzufragen und so hinterlassen wir beim Kunden oft ein großes Fragezeichen im Kopf.

Das Thema »kundisch« möchte ich nun noch mal aufgreifen, um einen Mangel aufzuzeigen, der tatsächlich an jedem einzelnen Tag passiert. Fühlen Sie sich auch manchmal erschlagen von der Flut an E-Mails, die auf uns hereinbricht? Eine Studie der Radicati Group (E-Mail Statistics Reports 2018) belegt, dass täglich weltweit in etwa 139 Billionen E-Mails versendet und empfangen werden. Ungefähr die Hälfte davon im geschäftlichen Bereich. Das entspricht in etwa 140 E-Mails pro Tag und Nutzer. E-Mails mutieren somit zum bevorzugten Kommunikationskanal. Um der Flut an E-Mails Herr zu werden, ist es absolut nötig, bereits im Betreff klar darzustellen, worum es geht. Je selbsterklärender der Betreff gewählt wird, desto besser. Eine weitere Erkenntnis ist jene, dass wir E-Mails kurz und knapp verfassen sollten. Oben genannte Studie beweist, dass kurze E-Mails schnell gelesen und beantwortet werden, hingegen werden lange und ausführliche E-Mails erst gelesen, wenn es die Zeit erlaubt. Dass auch die Höflichkeit in E-Mails eine enorme Rolle spielt, ist uns längst klar. Sollte man dennoch das Gefühl haben, sich im »Ton« vergriffen zu haben, so sollte man tunlichst den Kanal wechseln und etwa zum Hörer greifen, um mögliche Missverständnisse gleich aus der Welt zu schaffen.

Ich habe Ihnen nun viel über die negativen Aspekte der Kommunikation berichtet. Aber genug davon. Kommen wir nun zu den Tipps und Tricks, wie Sie es richtig machen können und wie Sie am Kundenkonto mithilfe guter Kommunikation Pluspunkte sammeln können.

So habe ich mir zum Beispiel angewöhnt, nach einem Termin oder einer Begegnung mit potenziellen Kunden oder Gesprächspartnern noch einmal einen kurzen Gruß per E-Mail zu senden, um nochmals darauf hinzuweisen, wie positiv ich unser Kennenlernen bzw. unser Gespräch empfunden habe.

Weil wir gerade beim geschriebenen Wort sind: Ich verrate Ihnen gerne noch ein Service-Element, dass Sie unbedingt in Ihr Repertoire aufnehmen sollten. Wie sieht denn der Bereich in Ihren E-Mails oberhalb der festgelegten und einheitlichen Signatur aus? Steht da eventuell der Klassiker »Mit freundlichen Grüßen« im Vordruck? Falls ja, dann wird es Zeit, etwas innovativer zu werden. Meine Profitexterin schließt Ihre E-Mails immer mit den Worten »Mit besonderen Grüßen«, weil sich ihre Agentur »Besonders« nennt. Einer meiner Kunden ist Experte im Bereich Infrarot-Heiztechnologie und nach einem gemeinsamen Workshop haben sich die Mitarbeiter entschieden, ab sofort »wärmende« Grüße anzubringen. Mein Mann verwendet für seine Golfschule »Bleiben Sie im Schwung«, das Salzunternehmen schickt selbstverständlich »Salzige Grüße«, ein Agenturpartner sendet »Ein Lächeln« und ein Kollege aus der Speaker-Szene schließt seine Mail »Mit allen guten Wünschen«.

Sie sehen, bereits kleine Akzente heben Ihre Kommunikation positiv hervor. Bevor Sie aber damit loslegen, ein passendes Schlusswort für Ihr Unternehmen zu kreieren, möchte ich auch noch über das Finale im persönlichen Gespräch sprechen. Ich finde es immer grandios, wenn der Abschluss einer Beratung oder eines Verkaufsgesprächs noch eine Kirsche auf dem Sahnehäubchen hat und man den Kunden eine positive Verabschiedung mit auf den Weg gibt. Gerne zeige ich Ihnen ein paar Möglichkeiten, die Sie nach Lust und Laune in Ihren Gesprächen verwenden können:

- »Darf ich Ihnen sonst noch etwas Gutes tun?«
- »Brauchen Sie weitere Informationen oder Auskünfte?«
- »Darf ich Ihnen noch bei weiteren Fragen behilflich sein?«
- »Haben Sie ganz lieben Dank für Ihre Zeit heute!«
- »Ich wünsche Ihnen ein ausgezeichnetes Wochenende/ einen schönen Tag!«
- »Bis zum nächsten Mal – da bin ich gerne wieder für Sie da!«

Das sind kleine, elegante und vor allem gut gemeinte Joker am Ende eines Gespräches, die unseren Kunden auf positive Art und Weise mitten ins Herz treffen. Kreieren auch Sie »nette Abschlüsse« für sich selbst oder Ihr Unternehmen. Meist kommt auf die oben genannten Sätze kein erneutes, aufkeimendes Kundengespräch zustande. Was aber jedenfalls bleibt, ist das gute Gefühl, das entsteht, dass man sich um den Kunden sorgt. Immerhin geht es darum, authentisch und interessiert zu wirken, aufgesetzte Floskeln hingegen erkennt der Kunde sofort. Lieblose Floskeln und auswendig gelernte, herzlose Sätze hinterlassen beim Kunden definitiv einen fahlen Nachgeschmack und können schlimmstenfalls einen nächsten Besuch verhindern.

Kontrollfragen
- Wie steht es um Ihre innerbetriebliche Kommunikation?
- Verwenden Sie eine attraktive Schlussfloskel in Ihren E-Mails?
- Verfassen Sie Ihre Texte, Verträge oder Schriftstücke in »verständlicher Sprache«?

Kompaktwissen
Achten Sie auf eine korrekte und überlegte Kommunikation.
Verwenden Sie innovative und auffallende Satzbausteine.
Grüßen Sie Kunden auf angenehme und ordentliche Art und Weise.

Service-Tipp 27: Gekonnte Nachsorge

Ein Produkt zu kaufen oder eine Dienstleistung in Anspruch zu nehmen ist meist ein Prozess. Zuerst war das Interesse da, dann stellt man Erkundigungen an, ließ sich eventuell ausführlich beraten, eventuell zog man auch noch Rezensionen heran, um sich letztendlich zu entscheiden. Ist der Kauf getätigt oder die Dienstleistung erst einmal in Anspruch genommen, möchte man meinen, dass es das vorerst gewesen sein muss. Falsch gedacht. Das nachstehende Beispiel zeigt auf, dass Kunden auch im Nachgang weit mehr Aufmerksamkeit brauchen als anfangs gedacht.

Szenario

Zusammen mit meiner Familie lebe ich in einem Generationenhaus. Ebenerdig meine Eltern, darüber wohnen wir. Als wir das Haus vor Jahren großzügig umbauten, war das ganze Objekt eine Riesenbaustelle. So kam es, dass unser amerikanischer Postkasten nicht mehr dort zu finden war, wo er ursprünglich stand. Übergangsmäßig hatten wir ihn neben die Tür gelehnt – was unser Zeitungslieferant zu früher Morgenstunde aber gekonnt zu ignorieren wusste. Die Zeitungsrolle lag Tag für Tag *neben* dem Briefkasten. Als mein Vater an einem Regentag die durchtränkte Zeitung ins Haus holte, machte er seinem Ärger Luft. Auf meine Frage hin, ob er denn schon bei der Tageszeitung eine Meldung diesbezüglich gemacht habe, verneinte er – das würde ja sowieso nichts bringen. Ich versuchte dennoch mein Glück und kontaktierte im Namen meines Vaters den zuständigen Aboservice. Die unglaublich nette Dame am Ende der Leitung entschuldigte sich zuerst, stellte mir ein paar relevante Fragen, notierte alle wichtigen Informationen und versprach, den Zusteller umgehend zu informieren. Ich vergaß dieses Telefonat relativ schnell, stellte aber fest, dass die Zeitung von diesem Tag an tatsächlich *im* Briefkasten und nicht lieblos vor der Türe vorzufinden war. Was mich aber weitaus mehr beeindruckte: Eine Woche nach dem Telefonat erhielt ich einen Anruf der Service-Mitarbeiterin, in dem sie sich erkundigte, ob die Zeitung wieder trocken und unversehrt in unserem vorübergehend abgestellten Briefkasten abgegeben wurde. Diese Vorgehensweise fand ich großartig. Kritik von Kunden ernst zu nehmen ist das eine, sich aber im Anschluss zu erkundigen, ob das Problem zufriedenstellend behoben wurde, ist perfekter Service.

Sind Sie eventuell auch schon einmal in die »Mobilfunkfalle« getappt? Damit meine ich, dass sich Unternehmen meist zu Beginn einer geschäftlichen Zusammenarbeit ein Bein ausreißen, um beim Kunden zu landen. Da werden Rabatte angeboten, unschlagbare Aktionen ausgespielt – Hauptsache, der Kunde bucht, kauft oder schließt den Vertrag ab. Steht der Name erst einmal ein Weilchen in der Kundenkartei, hört und sieht man nichts mehr von all den beeindruckenden Serviceleistungen, die angepriesen wurden. Was folgt, sind oftmals ermüdende Wartezeiten in der Hotline und auf wohl berechtigte Kundenfragen gibt es meist nur fadenscheinige Antworten. Ganz nach dem Motto: Gekauft hat der Kunde ja schon!

Das ist unglaublich schade. Denn gerade hier schlummert wertvolle Service-Performance. Klar, der erste Eindruck ist wichtig, aber der letzte ist das, was bleibt. Fühlt sich der Kunde auch in weiterer Folge gut betreut, schenkt er dem Unternehmen langfristig die Treue.

Möglichkeiten für perfekte Nachsorge gibt es unzählige – und ja, sie sind meist mit etwas Aufwand verbunden. Aber gerade das weiß der Kunde zu schätzen. Machen Sie beispielsweise ab und zu »Kuschelcalls«? Das sind kurze Anrufe beim Kunden, um einfach ein Weilchen zu plaudern und nachzufragen, ob alles gut läuft. Bitte an der Stelle bloß nicht gekoppelt mit einem aktuellen Angebot. So vermeidet man, dass der Kunde bei jedem Anruf denkt: »Was wollen die mir denn jetzt wieder verkaufen?«

Eine weitere gute Möglichkeit ist, Kunden an nötige Nachsorgetermine zu erinnern. An den bevorstehenden TÜV-Termin im Autohaus beispielsweise. Der Zahnarzt eines Bekannten verschickt witzige Postkarten, um an den längst überfälligen Kontrolltermin zu erinnern, und unsere Tierärztin erinnert in einer regelmäßigen SMS an die Impftermine unseres Vierbeiners. Glauben Sie mir, darüber bin ich sehr dankbar. Im Alltagsgeschehen kann es gut und oft passieren, dass man einen wichtigen Termin übersieht oder vergisst. Die Erinnerung wirkt sich also für beide Seiten äußerst positiv aus.

Sie telefonieren nur ungern und derartige Aktionen sind so gar nicht Ihr Stil? Dann habe ich für Sie eine weitere Idee parat: Erinnern Sie Ihre Kunden mit einem kleinen Gutschein, einem Goodie oder einem Treue-Abo daran, dass der letzte Einkauf oder Besuch schon ein Weilchen her ist. Mich hat neulich mein Lieblingshotel angeschrieben, dass unser alljährlicher Fixtermin im Herbst derzeit noch für uns als Stammgäste reserviert sei und dass ein Anruf genügt, falls wir wiederkommen möchten. VIP-Service im Vorfeld – das schmeichelt der Kundenseele.

Ein Wasserbettenstudio macht Neukunden gerne darauf aufmerksam, dass die halbjährliche Pflege eine wichtige Sache ist. Alle sechs Monate sollte man dem Wasser ein spezielles Mittel hinzufügen. Wenn die Kunden möchten, wird im Halbjahrestakt das dafür nötige Mittelchen per Post zugeschickt. Der Erlagschein ist anbei. So braucht man sich nicht selbst darum zu kümmern. Durch die hervorragende Nachsorge wird unter anderem auch die Marke des Wasserbettenstudios gestärkt.

Wir können die Nachsorge also jederzeit wunderbar für uns nutzen, um einen Impuls zu setzen. Wenn wir am Ball bleiben, sichern wir uns Folgeaufträge und Kundentreue.

Denken wir nochmals an die Geschichte zu Beginn. Die Service-Mitarbeiterin der Tageszeitung sorgte dafür, dass die Zeitung ab sofort in den provisorisch aufgestellten Briefkasten geworfen wurde. Später erkundigte sie sich bei mir, ob alles zu meiner Zufriedenheit erledigt wurde. Einer meiner Kunden hat es sich zur Aufgabe gemacht, proaktiv nachzutelefonieren, ob denn die Lieferung der Produkte und die Installation (in diesem Fall handelt es sich um Haushaltsgeräte) problemlos verlaufen sei. Die Kunden waren durch die Bank erfreut darüber, dass man sich auch nach dem Kauf um einen problemlosen Ablauf bemüht. Nachfragen ist also ein großer Pluspunkt. Sie sind Schreiner? Fragen Sie nach, ob Sie die Schrauben ein halbes Jahr nach dem Einbau kostenlos nachdrehen dürfen. Eventuell liegt der Kunde am Weg nach einer Montage. Sie sind in meiner Branche tätig und schulen Mitarbeiter? Verschicken Sie eine nett aufbereitete Geschichte per E-Mail über Ihr Fachgebiet oder eine Anleitung für eine weiterführende Übung an Ihren Kunden. Hierfür eignen sich auch Tipps und Hinweise in Form von Literatur, Blogs, Podcasts und dergleichen. Für jedes Business findet sich die passende Gelegenheit, um im Nachgang positiv beeindrucken zu können. Ich bin mir sicher, Ihnen fällt selbst einiges ein – oder aber Sie bedienen sich der Tipps aus dem Kapitel Service-Marketing!

Kontrollfragen

- Was tun Sie proaktiv für Ihre Kunden in der Nachsorge?
- Haben Sie schon einmal probiert, mit »Kuschelcalls« zu punkten?
- Verschicken Sie Termin-Reminder?

Kompaktwissen

Überlassen Sie die Nachsorge nicht dem Zufall – handeln Sie proaktiv.
Überlegen Sie Aktionen, die beim Kunden Anklang finden.
Setzen Sie auf eine gekonnte Nachsorge.
Der letzte Eindruck bleibt – sorgen Sie dafür, dass es ein positiver ist!

156

Service-Tipp 28: Fan-Potenzial

Sie haben vermutlich längst verstanden, dass es unzählige Möglichkeiten gibt, um servicetechnisch zu glänzen. Oftmals geht es um die Begeisterung, die beim Kunden entsteht. Dieses Kapitel steht für die »ultimative« Begeisterung, sozusagen die Königsdisziplin in einem Kunden-Unternehmer-Konnex. Nämlich wenn die Stufe erklommen wurde, auf der der Kunde zum Fan wird.

Szenario

Die Stimmung im Olympic Stadium in Los Angeles ist gigantisch. Insgesamt 80.000 Menschen finden hier Platz und in der vierundzwanzigsten Reihe im Sektor 8A bei ausverkauftem Spiel sitze ich. Zusammen mit meiner Familie. Unser Outfit: Dunkelrot und weiß, Shirts mit dem Logo »unserer« Mannschaft. Auch auf unseren Schildkappen prangt das dominante Logo unseres Teams. Obwohl es echt warm ist, haben wir Schals um den Hals – wie man es als Fan eben macht. Unser Team läuft ein, die Arizona Cardinals zeigen sich das erste Mal und jeder springt von den Rängen, um die Spieler so richtig anzufeuern. Noch lauter wird es, als sich die Heimmannschaft inmitten von pyrotechnischen Effekten beim Einlaufen feiern lässt. Es folgt ein Spiel der Extraklasse. Und da so ein NFL-Match einige Stunden dauert, habe ich genug Zeit, mir zwischen den einzelnen Spielzügen auch Gedanken über diese Euphorie zu machen.

Ich gebe zu, ich habe bis heute die Regeln beim American Football nicht richtig verstanden. Der große Fan der Familie ist eindeutig mein Mann. Der kennt sie alle. Die Regeln, die Spieler, deren Position, in welchem Team sie alle vorher gespielten haben. Er bleibt nächtelang wach, wenn Sunday Night Football gezeigt wird, und er erzählt uns beim Frühstück von den Highlights.

Nun könnte man meinen, »sein Team« ist vorne dabei. Ist es aber nicht. Also derzeit zumindest nicht. Dennoch ist mein Mann mittendrin und nicht nur dabei. Man muss ihn nicht zwingen, die Spiele anzuschauen, das macht er ganz freiwillig. Mein Mann ist einer von denen – ein richtiger FAN.

Fans sind mit großer Freude und Leidenschaft bei der Sache. Sie nehmen dabei so einiges in Kauf, um möglichst oft oder sogar immer live dabei zu sein, wenn gespielt wird. Vor Ort nimmt man sogar die exorbitanten Preise des lauwarmen Biers in Kauf. Weil einfach das Vertrauen stimmt. Die emotionale Nähe und die Verbundenheit.

Sie fragen sich, was das alles mit der Kundenwelt zu tun hat? Mehr als Sie vielleicht im ersten Moment denken würden. Vertrauen und emotionale Verbundenheit macht auch Kunden zu Fans von Unternehmen und Marken.

Und für uns stellen sich die folgenden Fragen:

Kontrollfragen

– Was muss ich und/oder mein Unternehmen dafür tun, um diese Stufe zu erreichen?
– Wie schaffen wir es, aus Kunden Fans zu machen?
– Stimmt die emotionale Ebene zwischen uns und unseren Kunden?

Treue Fans hinter sich zu haben ist für jedes Unternehmen ein unschätzbar wertvolles Kapital. Fans fühlen sich mit der Marke verbunden, und wenn einmal was schiefgeht und die Mannschaft beispielsweise nicht den besten Tag hat, vergibt ein Fan und kommt wieder. Kunden geben Geld – Fans sogar ihr Herz. Kunden reklamieren und beschweren sich – Fans

158

verzeihen. Kunden muss man locken – Fans kommen von ganz alleine.

Vor einigen Jahren hatte ich mit einer Führungskraft aus dem Lebensmittelhandel ein interessantes Gespräch. Sie meinte: »Ach, weißt du, liebe Maria, die Waren und Dienstleistungen werden immer noch austauschbarer. Wir als Team müssen darauf achten, dass unsere Kunden voller Überzeugung und bedingungslos zu uns kommen. Das ist nicht immer leicht, aber mit meinem Team habe ich einen Vorsatz: Jeden Tag wollen wir einen Kunden mehr zum Fan machen. Dafür arbeiten wir, wenn nötig, hart.« Eine tolle Einstellung! Ich habe mit dieser exzellenten Führungskraft bis heute Kontakt und ich schätze ihre Gabe, Mitarbeiter ins Boot zu holen und gemeinsam etwas bewegen zu wollen.

»Ist es denn nicht genug, wenn man Kunden bedient und diese hinterher zufrieden sind?« Fragen wie diese werden mir häufig gestellt. Nun, wenn man Mittelmaß bieten möchte, dann reicht das für ein Weilchen. Wenn man aber zu den Gewinnern gehören möchte, dann muss man sich um seine Fans wirklich bemühen. Dann muss man offen sein und sich für die Bedürfnisse der Kunden interessieren und sie ernst nehmen. Übrigens erzielt man damit einen genialen Nebeneffekt. Wenn man nämlich Kunden hält, ist das nachweislich betriebswirtschaftlich sinnvoller, als beispielsweise Neukunden zu akquirieren. Langjährige, treue Kunden (diese sind meistens schon Fans) sind viel leichter in deren Wünschen einzuschätzen und so verursachen sie im Grunde einen geringeren Dienstleistungs- und Serviceaufwand. Die Preissensibilität ist geringer und das Vertrauensverhältnis zum Unternehmen bleibt bestehen.

Ein weiterer Effekt ist die Thematik rund um die Weiterempfehlung. Das gute alte »word of mouth« ist in Zeiten der »Zuvielisation« schon wieder richtig was wert. Meiner Meinung nach gewinnt die persönliche Weiterempfehlung zunehmend an Bedeutung. Und wenn Sie kurz überlegen:

Der wahre Fan empfiehlt auch nach kleinen Pleiten, Pech und Pannen – weil er ja grundsätzlich absolut überzeugt ist.

Wie aber finden Sie heraus, ob Kunden auch Fans sind? Und vor allem, wie sorgt man dafür, dass sie es auch bleiben? Lassen Sie Kritik zu und fragen Sie proaktiv nach, ob Ihr Fan nicht nur zufrieden, sondern begeistert ist. Durch positive Mundpropaganda gewinnen Sie tagtäglich weitere Fans. Für die Propaganda sind Sie in der Verantwortung. Schaffen Sie Produkte oder Preise, die der Fan gerne bereit ist auszugeben, eventuell mit einem Mehrwert oder einer Serviceleistung, die Sie vom Mitbewerber unterscheidet. Und wenn Kunden in die Situation kommen, sich beschweren zu müssen, oder etwas zu reklamieren haben, dann braucht es gerade dort eine exzellente, großzügige Vorgehensweise, sodass der Fan hinterher sagen kann: War zwar nicht ideal, aber ich bin überzeugt, dass es beim nächsten Mal wieder wunderbar klappen wird. Für mich gibt es nämlich nur das eine »Team«!

Kompaktwissen
Sorgen Sie für Fans, nicht nur für Kunden.
Treue Fans sind ein unschätzbar wertvolles Kapital.
Fans schaffen einen betriebswirtschaftlichen Vorteil durch die bedingungslose Loyalität.
Fans sorgen für kostenfreie Weiterempfehlungen.

Service-Tipp 29: Mystery Checking als Servicegarant

Kennen Sie die TV-Sendung »Undercover Boss«? Ein tolles Format, wie ich finde. Die Cheftäten höchstpersönlich werden optisch absolut großartig verändert und heuern dann als neue Mitarbeiter im eigenen Unternehmen an. Unter einem schlüssigen Vorwand begleitet ein Filmteam den Einsatz. Welche pikanten Details hier von Mitarbeitern und deren Aufgabengebieten ans Tageslicht kommen, ist immer sehr sehenswert.

Was mir an dem Format gefällt, ist die Klarheit, die zum Vorschein kommt. Arbeitsschritte, an denen das System krankt, weil etwa die zeitlichen Vorgaben nicht stimmig sind, werden entlarvt. Meist kommen Vorgänge ans Tageslicht, die in der Praxis schlichtweg nicht machbar sind. Gott sei Dank erwischt es hier gleich diejenigen, die auch für die nötigen Veränderungen sorgen können. Das ist also ein wunderbarer interner Check-up.

Wie sieht es aber fernab vom TV-Format aus? Stellen Sie sich vor, eine fremde Person, als Käufer getarnt, spaziert in Ihr Unternehmen, lässt sich beraten, hat gewisse Vorstellungen, reklamiert eventuell Gekauftes, stellt die Verkäufer auf die Probe und gibt danach einen Bericht ab.

Kontrollfragen

- Wie würden Sie davonkommen?
- Würde Ihre Performance Bestnoten kassieren?
- Wäre an manchen Punkten noch Luft nach oben?

Ähnlich wie in der TV-Show bietet ein Mystery Check für Sie die optimale Gelegenheit, um herauszufinden, wo es anzusetzen gilt und wie Sie dem Unternehmen helfen können, die Performance zu optimieren. Sie engagieren also drei bis fünf Personen, die zur Zielgruppe des besagten Unternehmens zählen könnten. Idealerweise ziehen sich Ihre Checkpersonen durch alle Altersschichten. Die Checks laufen meist über drei Kommunikationskanäle: ein persönliches Beratungsgespräch vor Ort am POS (Point of Sale), ein »Mystery Call« via Telefon und eine Anfrage per E-Mail oder über das Kontaktformular der Website.

Szenario

Einer meiner Kunden beauftragte mich, in seinem Unternehmen die Handlungsweise der Mitarbeiter unter die Lupe zu nehmen. Das Ergebnis zeigte tatsächlich eine deutliche Schwachstelle in der Servicequalität auf. Während man am Telefon auf Anfragen freundlich und äußerst kompetent reagierte, ließen die Rückmeldungen via Mail sehr zu wünschen übrig. Auf freundliche Anfragen wurde mit äußerst unpersönlichen, kurzen Phrasen wie »Preisliste anbei« geantwortet. Von einer persönlichen Anrede oder netten Worten fehlte jede Spur. Hier sah ich großen Handlungsbedarf – zumal ich wusste, dass diese Schwachstelle schnell behoben werden kann, wenn man ein Bewusstsein dafür schafft. Die Ergebnisse meines »Checks« habe ich selbstverständlich anonymisiert und mit Bedacht präsentiert. Nach großem Lob für die (fast) perfekten Telefonate war die Mannschaft offen für Verbesserungen. Es stellte sich heraus, dass den Mitarbeitern tatsächlich nicht bewusst war, wie wichtig es ist, auch in E-Mails auf die Form zu achten. Gemeinsam haben wir schließlich im Seminar Satzbausteine formuliert, die serviciert und aussagekräftig sind und künftig verwendet werden können. Beim Re-Check einige Wochen nach dem Seminar lief die Sache rund – und die Mails konnten sich im wahrsten Sinne sehen lassen.

Nun weiß ich allerdings auch, dass sich wahnsinnig viele Unternehmen davor scheuen, Mystery Checks durchführen zu lassen. Zum einen, weil man Angst vor den Ergebnissen hat, und zum anderen, weil man befürchtet, dass die eigenen Mitarbeiter das Vertrauen in die Führungskraft verlieren könnten. Beides ist ein berechtigter Einwand. Nicht zu handeln ist allerdings der weitaus größere Fehler. Denn so erhält man nie konkrete Rückmeldungen. Meist passieren die »Fehler« nicht aus schlechter Absicht, sondern resultieren aus Unwissen.

Ein gutes und kritikfähiges Team versteht diese Vorgehensweise. In großen Unternehmen gehören Testkäufe längst zur Norm. Geschulte Mystery Checker werden engagiert, die Kosten dafür errechnen sich meist über eine Pauschale, die pro Kontakt des Mystery Checkers verrechnet wird. Wenn man den Aufwand nicht scheut, kann man allerdings auch selbst einen Mystery Check veranlassen. Zuerst ist es wichtig, eine Art Check-Katalog zu entwickeln. Was möchten Sie überprüfen? Ist es die freundliche Art und Weise, wie Sie selbst bedient werden möchten? Wie ist die Hygiene vor Ort? Wie sieht es mit der Hilfsbereitschaft aus, wenn Sie ein spezielles Anliegen haben? Wie ist die Reaktionszeit auf E-Mails? Wichtig ist, dass Sie sich klar darüber werden, was genau Sie überprüfen möchten. Bitte achten Sie darauf, dass die zu überprüfenden Punkte eine überschaubare Anzahl aufweisen, damit Sie sich darauf konzentrieren können. Die Resultate fasst man meist auf einer Skala von eins bis zehn zusammen oder aber man vergibt Schulnoten. Ein festgelegtes System ist für die Zusammenfassung der Ergebnisse wichtig. Die Checkpersonen können Sie auch gerne aus dem Bekannten- oder Freundeskreis engagieren, sofern diese bereit sind, ein ehrliches Resümee zu ziehen. Achten Sie hier auf eine repräsentative Anzahl an Check-Besuchen. Wichtig ist, darauf zu achten, dass man der engagierten Person die »Rolle« des potenziellen Neukunden oder Interessenten auch abnimmt.

Ab und zu drehe ich als Trainerin auch den Spieß um. Ich schicke meine Seminarteilnehmer als Check-Personen los, um sich bei drei Firmen ihrer Wahl beraten zu lassen. Die Eindrücke werden anhand eines Check-Protokolls festgehalten und im Anschluss daran tauschen wir uns im Seminar darüber aus. Die Teilnehmer erhalten so einen neuen Blickwinkel und ein neues Bewusstsein für gewisse Dinge.

Diverse Mankos versuchen wir gemeinsam aufzugreifen, um Lösungsansätze zu erarbeiten. Oftmals ist diese Übung ein Augenöffner, befindet man sich doch sonst auf der Verkäufer- oder Beraterseite.

Ich kann Ihnen nur empfehlen, von Zeit zu Zeit einen kleinen Check durchzuführen. Wie heißt es so schön: Aus Fehlern lernt man. Dazu müssen sie einem allerdings auch bewusst sein.

Kompaktwissen
Mystery Checking ist ein wertvolles Tool, um den eigenen Status quo zu überprüfen.
Einfache Checks können Sie selbst durchführen oder Sie engagieren ein Unternehmen.
Die Outputs liefern Ihnen die Grundlage, um an der eigenen Performance nachzuschärfen.

Service-Tipp 30: Customer Service Journey Map

Wer Kunden gewinnen und vor allem behalten möchte, muss den Kaufprozess aus der Sicht des Kunden betrachten. Der Kaufprozess an sich verläuft auf unterschiedlichste Art und Weise und so kann man diesen Vorgang auch als »Reise« bezeichnen. Vorausgesetzt, am Ende der Reise wird ein Kauf getätigt oder eine Beratung in Anspruch genommen. Manchmal passiert es allerdings, dass Kunden während der Reise vom Weg abkommen. Die Customer Journey kann ein sinnvolles Hilfsmittel sein, um diesen Weg zu analysieren.

Vor vielen Jahren sprach man im Verkauf von der »Kundenreise« oder dem »Verkaufsrad«. Wenn Sie diese Begrifflichkeiten kennen, werden Sie entlang der Customer Journey Parallelen entdecken. Da ich die Customer Journey gerne für die Erarbeitung von Service-Elementen nutze, habe ich in der Begrifflichkeit das Wort »Service« ergänzt.

Bis sich ein Kunde zum Kauf entscheidet, ist es oft ein langer Weg. Vom ersten Impuls bis zum Bezahlen kann es dauern. Manchmal ist der Weg dahin auch nicht geradlinig, sondern holprig oder er hat Abzweigungen, die dazu führen können, dass der Kunde gar nicht kauft. Das alles gilt nicht nur für komplexe Kaufentscheidungen, sondern ebenso für alltägliche Einkäufe. Nehmen wir einmal an, dass Sie in einem Zeitschriftenhandel die gewünschte Zeitschrift nicht finden. Weil die Warteschlange an der Kasse so lang ist und niemand für eine Frage bereitsteht, verlassen Sie den Laden, ohne etwas gekauft zu haben.

Wenn wir also die Kunden samt deren Reise analysieren, stellen wir schnell Probleme, Schwächen, Hindernisse oder sogar Beschleuniger fest. Oftmals sind es Kleinigkeiten, die entscheidend sind, manchmal sind es fehlende Services, die hier aufgedeckt werden. Die Customer Journey Map hilft dabei, empathisch mit den Kunden zu sein und die Erlebnisse und Entscheidungen besser nachvollziehen zu können.

Szenario

Ich selbst habe vor einigen Jahren zum ersten Mal mit diesem System gearbeitet. Aus meiner eigenen Erfahrung kann ich berichten, dass die Erarbeitung nicht nur mir, sondern der gesamten Projektgruppe richtig Spaß gemacht hat. Wie zuvor beschrieben, haben wir bestimmte (Buyer) Personas entwickelt und die uns bekannten Zielgruppen weiterentwickelt. Anhand eines Leitfadens haben wir für unser damaliges Projekt verschiedene Kunden erfunden und völlig konträre Personas entwickelt. Den jungen Studenten, den frisch gebackenen Familienvater, die schwangere Frau und die ältere Dame aus dem Pensionistenheim etc. Nachdem wir diese Personas zum Leben erweckt haben, wurden anhand eines Fragenkataloges Prozesse analysiert und schlüssige Service-Ideen entwickelt. Gerne möchte ich Ihnen nachfolgend eine Abfolge an To-dos auflisten, wenn Sie selbst so einen Prozess durchspielen möchten.

Zur Erarbeitung der einzelnen Personas haben wir uns an folgenden Fragen orientiert:

- Wer nutzt das Produkt oder den Service?
- Wie alt ist die Person?
- Wie sind die Lebensumstände der Person?
- Hat die Person Familie? Einen Job? Hobbies? Wenn ja, welche?
- Für welche Werte steht die Person ein? Innovation oder Tradition?

Um die Personas zum Leben zu erwecken, ist es sinnvoll, viele Notizen auf einen Blick strukturiert darzustellen. Das Hinzufügen von einem oder auch mehreren Bildern, die die fiktive Persona am besten repräsentiert, ist ideal. Auch ein Name sollte gewählt werden, denn je lebendiger die Persona wird, desto leichter kann man sich im Anschluss in sie hineinversetzen.

Im zweiten Schritt geht es darum herauszuarbeiten, wie die jeweiligen Personas das Angebot wahrnehmen. Hierzu überlegt man aus der Perspektive der erarbeiteten Persona den Weg der Kundenreise. Der Weg gliedert sich in sechs Schritte:

1. Erfahren
2. Überlegen
3. Erkunden
4. Entscheiden
5. Erleben
6. Austauschen

Wenn es um das *Erfahren* geht, stellt man sich im Erarbeitungsprozess folgende Fragen: Wie und wo hat die Persona das erste Mal von den Produkten und Dienstleistungen, der Marke oder dem Unternehmen gehört? Wie war der erste Eindruck? Und hat sich die fiktive Person umgehend über das Produkt oder über das Unternehmen informiert?

Punkt zwei ist das *Überlegen*. Welche Kanäle werden verwendet, wenn man mehr erfahren möchte (Website, persönlicher Besuch, Telefon, Informationsveranstaltungen, Messen, Freunde befragen)? Wie sahen die Informationen rund um Produkt und Unternehmen aus? Konnte man sich ein konkretes Bild machen? Und inwiefern hat die Information die weitere Vorgehensweise beeinflusst?

Beim *Erkunden* werden folgende Fragen unter die Lupe genommen: Welche Kanäle lieferten die notwendigen und gewünschten Informationen, die es erlaubten, unterschiedliche Anbieter und Produkte zu vergleichen? Waren die Infos verständlich, aussagekräftig, hilfreich und schnell verfügbar? Hat eventuell eine vorhandene Chat-Funktion Fragen lösen können?

Kommen wir nun zur *Entscheidung*: Was hat letzten Endes die Kaufentscheidung herbeigeführt? Inwiefern haben ein persönliches Beratungsgespräch, eine Serviceleistung, das Gesamtangebot (Preis/Leistung) und die Leistungsmerkmale die Entscheidung unterstrichen? Wie wurde die Entscheidung übermittelt? (Per E-Mail, persönlich, per Telefon etc.)

Im nächsten Punkt geht es um das *Erleben*: Gab es Austausch mit dem Unternehmen, mit anderen Kunden (z.B. Foren, im Bekannten- oder Kollegenkreis etc.) Wenn ja, auf welche Art und Weise? Wenn nein, wäre das gut gewesen? Gab es ausreichend Informationen, um das Produkt zu nutzen? Gab es eine flankierende Dienstleistung? Wäre Hilfestellung nötig gewesen? Hat man Unterstützung angefragt oder genutzt?

Der letzte Punkt ist der *Austausch*: Hier geht es um die

klare Weiterempfehlung. Über welche Kanäle (Foren, Website, persönliche Gespräche, Bewertungsportal) wurden Erfahrungen ausgetauscht?

Eventuell haben Sie sich beim Durchlesen gedacht: »So ein explizites ›Auseinanderdröseln‹ dauert ja richtig lange.« Das ist richtig. Eine Customer (Service) Journey Map zu erstellen und durchzuarbeiten verschlingt tatsächlich etwas Zeit. Das Gute daran ist allerdings, dass man in die einzelnen Charaktere eintaucht und regelrecht spürt, wie es um die Bedürfnisse der einzelnen Kunden steht, und das ist mehr als hilfreich, um im Anschluss an den richtigen Stellschrauben zu drehen. Mir ist noch wichtig zu erwähnen, dass es keinesfalls um Perfektion geht!

Für unsere Service-Belange finde ich es äußerst sinnvoll zu erkennen, dass Service-Elemente zu jedem einzelnen Schritt passen können. Mal platziert man einen Service bereits im Bereich des »Erfahrens« (z.B. Fokus auf den ersten Eindruck), mal beim »Entscheiden« (ein Benefit als Neukunde) und mal punktet man am Ende der Customer Journey im Bereich des »Austauschs« (ein Dankeschön für die wertvolle Weiterempfehlung).

Wir können nicht immer an allen Stellen serviciert arbeiten, das würde oftmals den Rahmen sprengen. Wenn wir es aber schaffen, entlang der Kundenreise die Möglichkeiten nicht nur zu kennen, sondern diese auch gezielt und passend aus einer Fülle an Möglichkeiten einzusetzen, gehören wir definitiv zu den Gewinnern.

Wir müssen einfach gut sein in dem, was wir tun, und uns kümmern, dass dies auch dementsprechend weitergetragen wird.

Kontrollfragen

– Haben Sie sich schon einmal mit der »Kundenreise« beschäftigt?

- Würden Sie anhand der Customer Journey wichtige Erkenntnisse erarbeiten?
- Kann Ihnen die Arbeit in Ihrem Machen und Tun helfen?

Kompaktwissen
Die Customer Journey Map betrachtet den Kaufprozess aus Sicht des Kunden.
Mit der Erarbeitung von sogenannten Personas taucht man selbst als Kunde in den Prozess ein.
Anhand der erarbeiteten Resultate kann man sinnvolle Service-Elemente generieren.

Service-Tipp 31: Wenn der Kunde laut wird

Es gibt verschiedene Gründe, warum Kunden ihre Stimme erheben – berechtigte und natürlich auch unberechtigte. Das gilt sowohl für persönliche Angriffe als auch für schriftliche Beschwerden und negative Bewertungen im Internet. Kunden haben heutzutage viele Vergleichswerte, sind fordernder denn je und lassen sich nichts mehr gefallen. Meist ist es eine Ansammlung von Ärgernissen, die das Fass zum Überlaufen bringt. Doch was kann der Mitarbeiter dafür?

Genau an dieser Stelle müssen wir unterscheiden, wo der Fehler begraben liegt. Wenn der Mitarbeiter gepatzt hat, so ist es vonnöten, dass der Fauxpas zugegeben und eine Lösung angeboten wird. Eine ehrliche Entschuldigung ist hier die beste Strategie.

Wenn der Kunde aber grundlos laut wird und sich im Ton vergreift, dann gilt auch für serviceversierte Mitarbeiter: Alles muss man sich nicht gefallen lassen. Dazu zählen persönliche Beleidigungen, herablassendes Verhalten, sexistische Anspielungen, rassistische Angriffe und dergleichen. In diesem Fall muss dem Kunden klar und deutlich aufgezeigt werden, dass eine Grenze überschritten wurde. Nicht mit bösen Worten, sondern aussagekräftigen Taten. Idealerweise hilft hier das eingespielte Team zusammen und versucht die Situation möglichst kompetent zu lösen. Soll heißen: Der Mitarbeiter, auf den es der Kunde abgesehen hat, wird unmittelbar von einem Kollegen abgelöst. Der Angefeindete kann sich kompetent und doch bestimmend aus der Schussbahn bringen, indem er freundlich, aber bestimmt erwidert: »Lieber Kunde, ich glaube, an der Stelle übernimmt mein Kollege XY.« So kann man einem »(vor)lauten« Kunden einen Denkzettel verpassen und ihm den Wind aus den Segeln nehmen, da man ihm keine Angriffsfläche bietet. Hartnäckige Kunden wiederholen dieses Spielchen gerne. Sollte das der Fall sein, empfiehlt sich ein klärendes Gespräch mit einer Führungskraft. Am besten dann, wenn der Kunde gar nicht damit rechnet. Höflich und fachlich korrekt wird darauf aufmerksam gemacht, welchen Umgangston man in diesem Geschäft oder Restaurant pflegt.

Das könnte beispielsweise so klingen: »Lieber Herr Kunde! Ich darf Sie bitte kurz um ein persönliches Gespräch bitten. Bestimmt erinnern Sie sich an den Zwischenfall während Ihres letzten Besuches. Dabei haben Sie, wie ich hörte, meine Kollegin mit Migrationshintergrund nicht so behandelt, wie wir uns das hier wünschen. Unsere Kollegin macht einen ausgezeichneten Job und wir schätzen es sehr, wenn das auch unsere Kunden anerkennen. Wenn Sie also unseren Mitarbeitern den Respekt entgegenbringen, den sie verdienen, dann freuen wir uns sehr, Sie weiterhin als Kunde begrüßen zu dürfen. Ich gehe davon aus, dass ich Sie darum bitten kann. Vielen Dank für das Gespräch!«

Was im ersten Moment hart klingt, ist im zweiten Moment eine positiv formulierte Vorgehensweise. Gleichzeitig stellt sich ein Chef oder Abteilungsleiter so vor seinen Mitarbeiter und vermittelt Wertschätzung. Wir können es uns schließlich keinesfalls leisten, aufgrund auffälliger Kunden wertvolle Mitarbeiter zu verlieren.

Wichtig ist mir an dieser Stelle zu erwähnen, dass Gespräche mit Kunden erst dann geführt werden sollten, wenn der Vorgesetzte sich ein klares Bild darüber gemacht hat, dass tatsächlich kein Fehlverhalten seitens des Mitarbeiters vorliegt.

Neben Kunden, die sich im Ton vergreifen, gibt es auch jene, die einfach nur mühsam und regelrecht lästig sind. Darauf zickig oder schlecht gelaunt zu kontern ist definitiv keine Option. Immerhin dürfen wir nie vergessen, dass wir die Rolle des Dienstleisters innehaben, und das bedeutet auch, tatsächlich zu »dienen«! Am besten kontert man mit Gelassenheit und Souveränität.

Fall Nummer drei: Kunden, die zu »feige« für ein persönliches Gespräch sind und sich in den Online-Bewertungsportalen oder sozialen Medien austoben oder eine böse Mail verfassen. Diese Vorgehensweise wird auch in Zukunft die gängigere bleiben, weil es für den Kunden die einfachste Lösung ist, seinem Unmut freien Lauf zu lassen. Unser Vorteil: Hier haben wir Zeit zur Verfügung – zumindest so viel, dass wir nicht gleich in der ersten Emotion eine Antwort tippen und uns im Nachhinein über unser eigenes Verhalten ärgern. Am besten schläft man eine Nacht darüber, um dann souverän und wohlüberlegt zu antworten.

Ob E-Mail oder auf einem Bewertungsportal, es gilt folgende Parameter einzuhalten:

1. Die Kritik ernst nehmen. Am besten gehen Sie davon aus, dass der Kunde kein »böser« Mensch ist, der Ihnen schaden möchte. Vergessen Sie nicht, der Kunde schildert seine Wahrnehmung. Es könnte immerhin auch ein Hinweis für ein Fehlverhalten sein.

2. Immerzu freundlich bleiben. Denken Sie an die Rolle des Dienstleisters. Ihre Antworten sollten immer sach-

171

lich und freundlich bleiben. Gehen Sie explizit auf den Inhalt ein und lassen Sie sich nicht auf die persönliche Ebene herab. An diesem Punkt sollten Sie sich auch für den Hinweis, die Zuschrift, die Bewertung bedanken.

3. Kurz und bündig ist das Wundermittel. Verzichten Sie auf lange Antworten und Rechtfertigungen. Überlange Antworten werden meist von den Verfassern gar nicht erst gelesen.

4. Verwenden Sie keine Standardantworten. Der Kunde merkt sofort, ob Sie die standardisierte Version bei jedem Anschlag verwenden. Verwenden Sie verschiedenste Formulierungen und gehen Sie auf jede Bewertung individuell ein.

5. Mutig sein lohnt sich. Sie dürfen in Ihren Antworten selbstbewusst zeigen, dass Sie von Ihren Produkten und Dienstleistungen überzeugt sind. Laden Sie den Kunden gegebenenfalls dazu sein, sich von Ihrem Angebot zu überzeugen. Ebenso können Sie jederzeit einen Aufruf tätigen und das Erlebte in einem Telefonat persönlich und individuell besprechen.

Um Ihnen die Beantwortung etwas zu erleichtern, möchte ich nachstehend zwei Möglichkeiten anführen.

Option 1: »Dass Sie mit unseren Leistungen nicht zufrieden waren, tut uns leid. Wir danken Ihnen sehr für das Feedback und die konkreten Kritikpunkte, die wir umgehend überprüfen werden. Wir sind stets bemüht, unser Angebot zu verbessern, und würden uns sehr freuen, wenn Sie uns noch eine zweite Chance geben würden, Sie von unserer Qualität überzeugen zu dürfen.«

Option 2: »Es tut uns leid, dass Sie von Ihrem Besuch bei uns enttäuscht sind. Gerne möchten wir eine Lösung finden und uns stetig verbessern. Daher würden wir uns freuen, wenn Sie uns mitteilen könnten, was genau Sie gestört hat.«

Es gilt, eine ideale Balance zwischen Verständnis und

auch Beleg für eigene Qualitätsansprüche und die damit einhergehende Leistung zu finden. Im ersten Schritt darf man ein Zugeständnis ausspielen (z.B. »Wir verstehen Sie«), im zweiten Schritt gilt es, Flagge zu zeigen. Der Dank für die Information muss ebenso einen Stellenwert erhalten. Immerhin gibt es viele Kunden, die sich erst gar nicht melden und lieber Wert auf negative Mundpropaganda legen.

Zweifelsohne ist es nicht einfach, mit der Kritik von Kunden richtig umzugehen. Weder für den Unternehmer noch für die handelnden Personen, sprich Mitarbeiter. Dennoch müssen wir uns vor Augen führen, dass Kritik auch eine Möglichkeit zur Verbesserung sein kann. Dies so zu verstehen zeigt eindrucksvoll, dass man auch diese Facette von perfektem Kundenservice beherrscht.

Kontrollfragen
- Wie reagieren Sie bei lautstarken Kundenangriffen?
- Kennen Sie und Ihre Mitarbeiter die richtige Vorgehensweise in kritischen Situationen?
- Reagieren Sie auf schriftliche Kritik kompetent?

Kompaktwissen
Unterstützen Sie Mitarbeiter und Kollegen, die von Kunden verbal angegriffen werden.
Handeln Sie stets fachgerecht in der richtigen Sprache und Vorgehensweise.
Legen Sie Wert auf eine korrekte Beantwortung bei schriftlichen Bewertungen.

Nachwort

Liebe Leserin, lieber Leser,

hinter Ihnen liegen 31 Service-Tipps und persönliche Geschichten, die ich aus Sicht der Service-Expertin, aber auch größtenteils als Kundin Maria-Theresa Schinnerl erzählt habe. Mein großes Ziel war es, Ihnen auf diesem Weg möglichst praxisnah zu vermitteln, wie genau Service Excellence im täglichen Kundenkontakt funktionieren kann, und so ein Bewusstsein dafür zu schaffen, wie entscheidend unser Auftreten, unsere Persönlichkeit und unsere Einstellung zur Dienstleistung sind. Nur wer einen genauen Blick wagt, kann schließlich die persönliche Serviceleistung verbessern und optimieren und so ein Upgrade erlangen.

Ich selbst arbeite seit vielen Jahrzehnten am und mit Kunden und weiß, wie fordernd diese Aufgabe sein kann. Ich weiß aber auch, dass Freundlichkeit und Service-Kompetenz die effektivsten Werkzeuge sind, die wir als Dienstleister zur Verfügung haben. Wie wirkungsvoll diese »Waffen« sein können, habe ich persönlich vor vielen Jahren gelernt, als ich noch in einem ganz anderen Berufsfeld tätig war. Und genau diese Geschichte möchte ich Ihnen zum Abschluss mit auf den Weg geben.

Ich war zu besagtem Zeitpunkt 18 Jahre jung und arbeitete für ein internationales Linienflugunternehmen als Flugbegleiterin. Ein Lebensabschnitt, an den ich sehr gerne zurückdenke. Nicht nur, weil ich meinen früheren Traumberuf leben durfte, sondern vor allem, weil ich eine äußerst professionelle Ausbildung genossen habe, bei der nichts dem Zufall überlassen und wir auf alle Eventualitäten in Sachen Kundenkontakt vorbereitet wurden. Was die Betreuung von nervigen, auffälligen, zynischen oder arroganten Passagieren anging, gab es eine klare Strategie: Jene Fluggäste »töten« wir mit Freundlichkeit!

Soll heißen: Je unfreundlicher der Gast, umso höflicher

174

treten wir ihm entgegen. Was in der Theorie recht simpel klang, war in der Praxis eine wahre Herausforderung!

Szenario

New York JFK an einem Herbsttag – es war ein Flug nach Frankfurt am Main und ich erinnere mich, als wäre es gerade gestern gewesen. Mir wurde an diesem Tag die Ehre zuteil, in der Business Class arbeiten zu dürfen. Ein Privileg, das meist den erfahrenen Kolleginnen vorbehalten blieb. Höchst motiviert stand ich also in der Kabine und erwartete aufgebrezelt mit Hochsteckfrisur und rotem Lippenstift meine Passagiere. Nachdem ich die ersten Gäste höflich begrüßt und platziert hatte, erschien ein äußerst gestresster Herr mit dazu passender Mimik am Flugzeugeingang. Passagier 3C. Ich ging auf ihn zu, begrüßte ihn mit besonders nettem Lächeln und den Worten: »Einen wunderschönen guten Abend wünsche ich Ihnen!« Zurück kam: »Ob dieser Abend schön wird, das werde ich Ihnen noch beibringen.« Ich schluckte schwer und dachte: »Na ja, der wird sich sicherlich gleich fangen.« Motiviert setzte ich das Gespräch fort. »Vielleicht darf ich Ihnen schon einmal den Mantel abnehmen?«, fragte ich. »Was heißt hier dürfen, Sie müssen mir den Mantel abnehmen«, keifte er mir entgegen. Gut, dachte ich mir – dann muss ich eben. Bereits zu diesem Zeitpunkt wusste ich: Das wird ein laaaaanger Flug. Ich hängte seinen Mantel an die Garderobe und machte mich wenig später mit dem vorbereiteten Aperitif-Tablett auf den Weg zu ihm. Der Herr fand die Idee, sich einen Begrüßungsdrink zu gönnen, allerdings alles andere als »prickelnd«. »Glauben Sie im Ernst, ich will jetzt Alkohol? Lassen Sie mich doch einfach in Ruhe«, schmetterte er mir entgegen. Als ich ihn aber in der nächsten Runde de-

175

zent »in Ruhe ließ«, war es ausgerechnet er, der mich ermahnte: »Sagen Sie, bedienen Sie mich jetzt gar nicht mehr?« Ich könnte die Geschichte an dieser Stelle unnötig in die Länge ziehen, es ging immerhin noch eine ganze Weile so dahin. Egal was ich tat, ich konnte es ihm einfach nicht recht machen. Und dennoch: Ich gab nicht auf. Ich versuchte freundlich, höflich und zuvorkommend zu bleiben. Genauso, wie wir das in der Ausbildung gelernt hatten. *Mit Freundlichkeit töten.*

Ich denke, Sie können sich bildlich vorstellen, wie froh ich war, als der erste Service-Durchgang beendet war und ich mich für kurze Zeit in die Bordküche zurückziehen konnte. Vielleicht ist Ihnen der graue Vorhang schon einmal aufgefallen, der im Flugzeug die Kabine von der Küche trennt? Genau dort stand ich und atmete kräftig durch. Ich möchte Ihnen an dieser Stelle einen Tipp unter Freunden geben: Flugbegleiterinnen schätzen es *sehr*, wenn dieser Vorhang auch zu bleibt! Dem Herrn auf 3C dürfte das leider niemand verraten haben. Gerade als ich frischen Kaffee aufgebrüht hatte, wurde besagter Vorhang mit einem lauten Ratsch aufgerissen. Ich musste mich gar nicht erst umdrehen, um zu wissen, wer hinter mir stand. Bei genauerem Hinsehen stellte ich allerdings fest, dass sich die Mimik und Gestik des Passagiers deutlich verändert hatten. Er rieb sich die Hände und trat unsicher von einer Stelle zur anderen. Gerade als ich fragen wollte, wie ich ihm behilflich sein könne, fiel er mir ins Wort: »Gut, dass ich Sie gefunden habe. Ich möchte mich bei Ihnen entschuldigen. Mein Verhalten war ganz fürchterlich. Wissen Sie, ich bin sonst nicht so ein unguter Kerl, aber mir ist in New York etwas Schreckliches passiert und das möchte ich Ihnen gerne erzählen.« Ich dachte an dieser Stelle noch: »Guter Mann, diese Geschichte muss jetzt *wirklich* gut sein, um dieses Verhalten zu erklären.«

Er setzte mich in Kenntnis, dass er in New York einen millionenschweren Auftrag in den Sand gesetzt hatte und nicht wüsste, wie er das in Frankfurt seinem Chef beibringen solle. Der Mann würde am nächsten Tag allem Anschein nach seinen Job verlieren. Er tat mir an dieser Stelle schrecklich leid, und als wir Stunden später in Frankfurt landeten, verabschiedete ich mich mit Handschlag und wünschte ihm alles Gute. Ich kann mich noch gut daran erinnern, dass ich ihm nachsah, als er durch die Gangway von dannen zog. Eine nahezu hollywoodreife Szene.

Wiedergesehen habe ich meinen Passagier von 3C nie. Aber dieser besondere Flug hat mir eine Lektion fürs Leben erteilt. Genau genommen sogar drei Lektionen:

Erstens: Mit Freundlichkeit »töten« funktioniert. Die meisten Menschen kontern in Situationen, in denen sie unter Druck geraten, mit Gegendruck. Das heißt, sie »schießen« zurück. Ein derartiges Verhalten erleichtert allerdings weder die Situation noch das Gespräch. Im Gegenteil: Die Emotionen schaukeln sich auf und eskalieren im schlimmsten Fall. Weit mehr erreicht man mit Freundlichkeit und Souveränität. So lassen wir die schlechten Gefühle und Emotionen erst gar nicht an uns ran. Wann immer wir einem Gesprächspartner freundlich, höflich und zuvorkommend begegnen, tut er sich schwer, seine üble Laune an uns auszulassen. Freundlichkeit wird somit zur Überlebensstrategie.

Lektion Nummer zwei: Hinter jedem grantigen Gesprächspartner, hinter jedem Fluggast auf 3C, verbirgt sich eine persönliche Geschichte. Diese Geschichte hat in den wenigsten Fällen mit uns als Dienstleister zu tun, aber existieren tut sie dennoch. Zweifelsohne erfahren wir diese Hintergründe selten. Wichtig aber ist, dass wir uns immer und immer wieder bewusst machen, dass jedes Verhalten einen Ursprung und einen Auslöser hat. Und wenn wir es schaffen, gut damit umzugehen, dann töten wir nicht nur mit Freundlichkeit, sondern haben die beste Voraussetzung für perfekte Service-Qualität geschaffen.

Lektion Nummer drei: Der Kunde hat zwar vielleicht aus Sicht des Dienstleisters nahezu jedes Recht, sollte sich selbst aber nicht alles rausnehmen. Und diesen Appell gebe ich an dieser Stelle an Sie weiter. Lassen Sie uns doch in Zukunft nicht nur ein perfekter Dienstleister, sondern auch ein freundlicher Kunde sein. Treten wir jeder Servicekraft mit dem Respekt und der Wertschätzung entgegen, die sie verdient. Das macht uns das (Kunden-)Leben einfacher und die Welt des hervorragenden Kundenservices für die handelnden Personen um vieles lohnenswerter. Begegnen wir Menschen mit ehrlicher Freundlichkeit – egal aus welcher Perspektive.

Danksagung

Ronny Schinnerl: Dank deiner großartigen Unterstützung, unzähligen (nächtlichen) Gesprächen, Hilfestellung bei Projekten, Begleitung zu Auftritten und vielem mehr kann ich meinen Job so machen, wie ich ihn liebe. Dass das keine Selbstverständlichkeit ist, wird mir allzu oft bewusst, und dafür bin ich dir jeden einzelnen Tag dankbar. Jede neue Idee stößt bei dir auf Interesse und wird so lange diskutiert, bis wir beide damit zufrieden sind. Du hältst mir immerzu den Rücken frei und kümmerst dich während meiner Abwesenheiten um alles. In erster Linie auch um unser Töchterlein. Ich kann gar nicht oft genug betonen, wie sehr ich das schätze. Meine »Service-Welt« ist auch mittlerweile zu deiner geworden. In deinem Business bist du ein genialer Umsetzer, zudem bist du meine Marketing-Abteilung. Unermüdlich und mit viel Elan hast du schon des Öfteren deine Kunden überzeugt, auch die meinen zu werden. Ich habe ein Riesenglück, mit dem allerbesten Mann der Welt verheiratet zu sein! Mein Schatz, du bist mein schärfster Kritiker, mein größter Fan und mein allerbester Freund! Tausend DANK dafür!

Sally Schinnerl: Seit nun elf Jahren machst du als Wirbelwind unsere Tage bunt! Nicht immer hast du es leicht mit mir. Viele Abwesenheiten und Arbeitsstunden gehören zu meiner Arbeit. Mit Bravour meisterst du unsere turbulenten Wochen. Du bist unglaublich selbstständig und machst immer alles mit, was wir dir abverlangen. Mein Vorsatz, ein gutes Vorbild für dich zu sein, begleitet mich jeden Tag. Ich bin unheimlich stolz auf dich! »Zusammen« sind wir drei einfach ein tolles Team! Ich liebe euch!

Sandra Eder: Ohne dich, meine Liebe, würde es dieses Buch nicht geben. Über viele Jahre bin ich dir in den Ohren gelegen, dass ich doch so viel lieber rede als schreibe. Irgendwann hatten wir dann die grenzgeniale Kombination gefunden. Ich schreibe einfach drauflos und du bringst im Nachhinein alles in eine perfekte Form. Als ich dir vom Buchprojekt erzählt habe, warst du es, die mir Mut machte loszulegen. Immerzu bist du für einen Tipp zu haben und du hinterfragst kritisch meine Inhalte und klopfst mir liebevoll auf die Finger, wenn ich mal wieder zu streng mit manchen Ansichten ins Gericht gehe. Du weißt, dass ich wohl nie aufhören werde, dich für deine Fähigkeit, dein großes Talent und dein Gefühl für Texte in den Himmel zu loben, denn du bist in dieser Hinsicht für mich DIE Champions League. Zudem bist du als Freundin für mich zu einer unverzichtbaren und überaus wichtigen Säule geworden. Du hast immer ein offenes Ohr und verstehst es, mich wieder auf Kurs zu bringen. Ich bin unglaublich dankbar, eine so wertvolle Freundin zu haben. Und: Keine Angst, ich werde nicht gleich ein nächstes Buch schreiben! DANKE, Sandra ... für alles! (www.besonders.at)

Alexander Egger: »Und wenn du bei mir mitmachst? Dann sind wir zwei Impulsgeber!« Für dieses Angebot bin ich dir ewig dankbar, lieber Alex! Du hast mir vor rund zehn Jahren das Vertrauen als grenzgenialer Geschäftspartner geschenkt und wir haben unglaublich viel erlebt und erreicht. Aus den Impulsgebern wurde eine Marke, die sich sehen lassen kann. Du hast mir diesen wundervollen Beruf schmackhaft gemacht und wir haben uns selbst wohl am meisten bewiesen, dass man zu zweit nie alleine ist. Auch wenn wir mittlerweile unsere Geschäftsfelder in unsere eigenen Richtungen ausgebaut haben – die Impulsgeber sind ein mega Duo, ein Fall für zwei eben! Danke für die Partnerschaft – ich freu mich auf alles, was noch kommt!

Roman Szeliga: Ein ganzes, intensives Jahr durfte ich Dr. Roman Szeliga meinen Mentor nennen. Bald war allerdings klar, ein exzellenter Mentor lässt dich nach einem Jahr nicht einfach so ziehen. Von dir, lieber Romi, kann ich wirklich jede Kritik annehmen. Du hast mir so vieles beigebracht und mir Erfolge beschert, an die ich beinahe selbst nicht geglaubt hätte. Du hast mit all deinem Machen und Tun das Herz am rechten Fleck und ich bin unsagbar dankbar, dass du mich fern vom GSA-Mentoren-Programm weiterhin »unter deine humorvolle Fittiche« nimmst.

Meine Mädels: Als Freundin bin ich sicherlich nicht immer einfach. Viel unterwegs, manchmal kurz angebunden oder schlecht erreichbar. Danke, dass ich mich bei euch nie verstellen muss und dass ich trotzdem immer willkommen bin. Wenn ich bei euch bin, dann bin ich »zu Hause«. Danke.

Katharina Turecek: Wir beide haben uns im Mentoren-Programm kennengelernt und ich war und bin immer noch fasziniert von deinem unglaublichen Wissen. Wie man in Summe 18 Bücher schreiben kann, ist mir zwar immer noch ein Rätsel, aber deine Liebe zum Bücherschreiben hat mich letzten Endes beflügelt, auch Gas zu geben. Du warst mir dabei immerzu eine gute Ratgeberin. Wir beide sind wohl der lebende Beweis dafür, wie aus Kolleginnen Freundinnen werden können.

VBF's: Alte Freunde sind wie alter Wein: Er wird immer besser, und je älter man wird, desto mehr lernt man dieses unendliche Gut zu schätzen.

Meinen Probelesern: Es war mir sehr wichtig, dafür Menschen auszuwählen, die mit einem hohen Anspruch ans Werk gehen. Habt vielen Dank für eure überaus positiven Rückmeldungen und eure wertvolle Zeit.

Allen voran Alexandra Reinagl: Du bist in vielerlei Hinsicht ein großes Vorbild für mich. Tagtäglich zeigst du auf, wie man mit viel Gespür und Kompetenz ein Unternehmen leitet. Frédéric van Vliet: Because of you I never lose my courage to tackle international things. Thanks for your service enthusiasm. Walter Fortunat: Du hast mich durch das Platzieren meiner Kolumnen dem Buchprojekt nähergebracht. Danke, dass du die Begeisterung für richtig guten Service mit mir teilst.

Goldegg Verlag: Ein Buch zu schreiben gehörte immer zu meinen Zielen. Ich danke von Herzen Elmar Weixlbaumer als Verlagschef und Anna Sulik, meiner Lektorin, dass ihr mich so wunderbar dabei unterstützt habt, dieses Ziel zu erreichen.

Kundinnen und Kunden: Ein großer Dank gilt meinen Kunden. In den letzten Jahren durfte ich unglaublich viele Kunden betreuen und bei jeder einzelnen Gelegenheit durfte ich dazulernen. Ohne meine Kunden wäre mein Business nicht möglich. Die Notwendigkeit, SERVICE im Unternehmen zu verankern, treibt mich an. Danke, dass Sie mir das Vertrauen schenken.

Last but noch least danke ich Ihnen von Herzen, liebe Leserinnen und Leser, dass Sie sich für mein Buch entschieden haben. Ich wünsche mir sehr, dass Sie mein Buch inspiriert hat, ins Tun zu kommen, und dass sie meiner These SERVICE eine reelle Chance einräumen. Ich würde mich außerordentlich freuen, wenn Sie mir davon berichten würden.

Herzlichst, Ihre *Maria-Theresa Schinnerl*

service@schinnerl.com

Anhang

Im Laufe der Jahre findet man mal hier, mal dort eine wahre Inspirationsquelle. In Zeiten des Internets ist der Schatz, der einem offenbart wird, schier unendlich. Gerne führe ich ein paar zusätzliche Werke an, die ich Ihnen ans Herz lege. Ich selbst orientiere mich oft an den Empfehlungen von Autoren und freue mich, wenn ich somit auch noch einen kleinen Buch-SERVICE-Tipp liefern kann.

Literaturverzeichnis und Quellen

Asgodom, Sabine: Eigenlob stimmt. Econ, 2011

Bach, C.: Auffallend anders. Tredition, 2015

Baumgartner, Paul J.: Das Geheimnis der Begeisterung. Gabal, 2014

Ben Said, Daniela A./Wintgens, Ursula: Unternehmer Glück. Geest Verlag, 2019

Ben Said, Daniela A.: Be different or die! Geest Verlag, 2007

Birkenbihl, Vera H.: Birkenbihl on Service. Econ, 2005

Bock, Andreas H.: Kundenservice im Social Web. O'Reilly, 2012

Ehlers, Michael: Nonverbale Kommunikation, https://www.der-rhetoriktrainer.de/blog/nonverbale-kommunikation-das-mehrabian-missverstandnis/ 25.03.2020

Fischer, Claudia: Telefon Power. Gabal, 2001

Frey, Jürgen: Mein Freund, der Kunde. Gabal, 2013

Geffroy, Edgar: Das Einzige, was stört, ist der digitale Kunde. Redline, 2013

Gerstbach, Ingrid: Dem Kunden verpflichtet. Gabal, 2018

Gschwandtner, Florian: So läuft Start-Up. Ecowin, 2018

Hofert, Svenja: Mindshift. Campus, 2019

Hübner, Sabine/App, Jürgen: Tue dem Kunden Gutes und rede darüber. Redline, 2013

Hübner, Sabine: Empathie. Gabal, 2017

Hübner, Sabine: Service macht den Unterschied. Redline, 2009

Hübner, Sabine: Serviceglück. Campus, 2017

Jagersbacher, Michael: Sympathie-Code. Goldegg, 2015

Kaplan Thaler, Linda/Koval, Robin: The power of nice. Dtv, 2008

Kellner, Michaela/Khom, Andrea: Konfliktfalle E-Mail, Goldegg, 2017

Kobjoll, Klaus: Wa(h)re Herzlichkeit. Orell füssli, 2010

Lange, Claudia: Soft Skills. Kunden nachhaltig begeistern. Haufe, 2010

Lifehack ABC: Der erste Eindruck zählt, https://www.lifehack-abc.de/erste-eindruck-zaehlt/ 25.03.2020

Michelli, Joseph A.: Kunden fürs Leben. Redline, 2009

Motsch, E./Rohrmoser, S.: Meine Gäste – meine Fans. Trauner, 2014

Rath, Carsten K./Hübner, Sabine: Das beste Anderssein ist Bessersein. Redline, 2016

Reicheld, Fred: The ultimate Question 2.0. Harvard Business Review Press, 2011

Ruep, Stefanie: Erwachsene lachen nur sechs Minuten am Tag, https://www.derstandard.at/story/1317019766755/humor-tagung-erwachsene-lachen-nur-sechs-minuten-am-tag/25.03.2020

Scherer, Hermann: Jenseits vom Mittelmaß. Gabal, 2010

Schori, Monica: Trainingsbuch Kundenkontakt. Redline, 2016

Schüller, Anne M./Fuchs, Gerhard: Total Loyalty Marketing. Springer, 2013

Schüller, Anne M.: Touchpoints. Gabal, 2013

Seiwert, Lothar: Kundenbegeisterung. Gabal, 1999

Strelecky, John: The big five for Live. Leadership's Greatest Secret. dtv Verlagsgesellschaft, 2019

Szeliga, Roman: Frustschutzmittel. Midas, 2015

Szeliga, Roman: Hirn mit Herz hat Hand und Fuß. Amalthea, 2020

Tschiedl, Sigrid/Szeliga, Roman: Kommunikation. Verlagshaus der Ärzte, 2011

Turecek, Katharina/Smolka, Heide-Marie: Zum Glück mit Hirn. Springer, 2018

184

Anmerkungen

1. World Oeconomic Forum (2016): Future of Jobs Report, https://www.weforum.org/18.06.2020
2. IMAS Report International: Kundenorientierung in Österreich/Nr. 01/2020/Aktuelle Demoskopische Studien zu Wirtschaft & Gesellschaft/18.06.2020
3. Capgemini – The Disconnected Customer: What digital customer experience leaders teach us about re-connecting with customers, Stand: 15.06.2020
4. Podcast: Peter Brandl – The Pilot – Remove Vevore Flight – Der CEO Podcast/Folge: It's better to be nice than to be kind/22.01.2020
5. Wer mehr über die lustigen Gesellen mit wahnsinnig viel Herz nachlesen möchte: www.cliniclowns.at/18.06.2020
6. https://kreativitätstechniken.info/6-3-5-methode/05.05.2020